Preben Hansson

Und sie waren doch da

Sie kamen von den Sternen.
Beweise für Landungen
von Außerirdischen auf der Erde.

INHALT

VORWORT	9
TRELLEBORG UND UMGEBUNG AUS DER LUFT	15
Wikinger und Geometrie	15
Ein Schwimmbagger in Schwierigkeiten	22
Trelleborgs Hafenweg	28
Trelleborgs Hafen	32
Königliche Privilegien	41
Auf nordwestlichem Kurs — ein Flug mit Überraschungen	48
AGGERSBORG — JOMSBORG	55
Sieben Tagesreisen von Hamburg	55
Von Jomsborg nach Samsborg	65
Die Seeburg Samsborg	72
EIN NEUES TRELLEBORG	91
Der Ring auf Besser Made und eine ganz besondere Insel	91
Adam von Bremen	97
Krieg zwischen Heiden und Christen	102
Der Ringwall auf Eskeholm	108

TRELLEBORG IM LICHT
EINER ANDEREN THEORIE 119
Türme auf Trelleborg 119
Interplanetarische Kommunikation,
Gravitationsantrieb und verkohlte Feeder 128
Das Geheimnis des Waldsees 150
Die Insel des Bischofs — und das Licht der Götter 155
Fyrkat behielt den alten Namen,
den die Erbauer ihm gaben 166

GRIECHEN, SAGEN, MYTHOLOGIE —
BILDER DER VORZEIT 171
Die »Trelleburgen« in Griechenland 171
Das Orakel in Dänemark 205
Geschichte oder Science-fiction? 223
Die Steinzeichnungen erzählen
dieselbe Geschichte 229

LITERATURHINWEISE UND
KOMMENTARE 249

REGISTER 261

Das bescheidene Vorwort des Adam von Bremen möge auch für dieses Buch gelten.

          Preben Hansson

»Was nun dies Werk und Wagestück angeht, sollen alle wissen, daß ich weder den Wunsch habe, als Historiker gerühmt zu werden, noch daß ich fürchte, als Lügner getadelt zu werden; doch was ich nicht gut zu schaffen vermochte, hinterlasse ich anderen als Stoff für bessere Bearbeitung.«

Adam von Bremen
1074

Vorwort

Sie mögen widersprüchlich sein, die uralten Menschheitsüberlieferungen, doch in einem Punkte verkünden sie unisono dasselbe: Einst unterwiesen Lehrmeister ›vom Himmel‹ die Menschen. Oft wird geschildert, diese Lehrmeister seien mittels »Rauch, Beben, Feuer, Lärm« aus den Wolken gestiegen. Spätestens hier melden sich dann eifrige Theologen, die hinter »Rauch, Beben, Feuer und Lärm« nur Gottesvisionen erkennen. Die Psychologen behaupten dagegen: Alles Naturereignisse! Die Menschen der Vorzeit sahen in Blitz und Donner, in Erdbeben und in einem Vulkanausbruch göttliche Manifestationen. Nur logisch, daß unsere Ur-Urväter die Natur durch Opfer und Rituale zu besänftigen versuchten.

Logisch? Seit wann spricht denn der Blitz, gibt denn der Donner präzise Anweisungen? Dröhnt vielleicht der Vulkanausbruch: »Menschensohn, fürchte dich nicht«, oder höhnt ein Erdbeben: »Ihr Menschen habt Augen, um zu sehen, und seht doch nichts«? (Hesekiel, Kap. 12,1)

In den alten indischen Veden gibt es die göttlichen Zwillinge Ashwins, welche die Erde in einem blanken Himmelswagen umrunden. Da ist der freundliche Gott Surya, stets Lotosblumen in den Händen, der von seinem Himmelsgefährt aus Kundschafterdienste für die Götter übernahm. Da ist Garudah, der Wischnu zur schnellen Fortbewegung diente, Bomben warf, Feuersbrünste löschte und gar zum

Mond flog. Da ist Vishvkarman, der den schönsten Himmelswagen im Fuhrpark der Götter kutschierte.

Im ›Wischnu-Purana‹, der ins 4. Jahrhundert v. Chr. datierten Überlieferung, ist ein Kapitel den Perioden gewidmet, in denen die Urväter der Menschheit — im eigenen »Flugzeug« — vom Himmel kamen.

»Während Kalki noch spricht, kommen vom Himmel herab zwei sonnengleich strahlende, aus Edelsteinen aller Art bestehende, sich von selbst bewegende Wagen angefahren, von strahlenden Waffen beschirmt.«

In seinem Werk THE PREHISTORY OF AVIATION berichtete Berthold Laufer (Chikago 1928) von dem Menschen Vicvila, der mit seinem Eheweib »durch die Lüfte« der Inhaftierung entfloh, oder vom König Rumanvat, der sich ein so riesiges Himmelsschiff bauen ließ, daß die Bewohner einer ganzen Stadt Raum darin fanden:

»Also setzte sich der König mit dem Personal des Harems, seinen Frauen, seinen Würdenträgern und einer Gruppe aus jedem Stadtteil in den himmlischen Wagen. Sie erreichten die Weite des Firmamentes und folgten der Route der Winde. Der Himmelswagen umflog die Erde über die Ozeane und wurde dann in Richtung der Stadt Avantis gesteuert, wo gerade ein Fest stattfand. Der Himmelswagen stoppte, damit der König dem Fest beiwohnen konnte. Nach dem kurzen Zwischenhalt startete der König wieder unter den Augen von unzähligen Zuschauern, die den Himmelswagen bestaunten.«

Im ältesten äthiopischen Epos, dem KEBRA NEGEST, wird ausführlich dargelegt, wie König Salomon einen Wagen steuerte, »der durch die Lüfte fuhr«. Das Himmelsgefährt muß sehr geräumig gewesen sein, denn es transportierte Menschen, Tiere und Gerätschaften:

»*Und alles eilte auf dem Wagen dahin wie ein Schiff auf dem Meere, wenn es der Wind hebt, und wie ein Adler, wenn er auf dem Winde leicht dahinfliegt...* (Kebra Negest, Kap. 52)... *Dies ist der dritte Tag, seit der äthiopische Königssohn fortzog, und als sie ihren Wagen beladen hatten, da ging es nicht auf der Erde hin, sondern sie schwebten im Wagen auf dem Winde; sie waren schneller als der Adler am Himmel, und alle ihre Gerätschaften kamen mit ihnen in den Wagen...* (Kap. 58)... *Der König und alle flogen auf dem Wagen ohne Krankheiten und Leiden, ohne Hunger und Durst, ohne Schweiß und Ermüdung, indem sie an einem Tage eine Wegstrecke von drei Monaten zurücklegten.*«

Literarische Belege für die Flugwagen der Vorzeit gibt es in Hülle und Fülle. Kritiker sind der Meinung, diese vorgeschichtlichen Flugwagen seien nur in der Einbildung der Menschen geflogen. Man versucht, die Tatsachen im religiös-psychologischen Nebel verschwinden zu lassen. Es sei vom »Himmel« die Rede, nicht vom »Firmament« oder gar »Weltall«. Sanskritprofessoren belehrten mich, daß »Himmel« keineswegs als Synonym für »Glückseligkeit« stände: Der Sanskritwortstamm meint »dort oben« und »über den Wolken«. — Als Professor Protap Chandra Roy, der berühmteste Sanskritexperte seiner Zeit, in den 80er Jahren des vorigen Jahrhunderts das Heldenepos MAHABHARATA ins Englische übertrug, ahnte er nichts von den Zukunftsperspektiven von regelrechten Weltraumstädten. Er übersetzte Vers 50 des Drona Parva so: *The three cities came together in the firmament* — »die drei Städte kamen am Firmament zusammen«.

Jeder Versuch, die unbequemen Flugapparate und Weltraumstädte in den religiösen Himmel der allgemeinen Glückseligkeit verpflanzen zu können, muß scheitern, denn mit deren Vereinnahmung müßte akzeptiert werden, daß »im Himmel« mit fürchterlichen Waffen gestritten wird, daß der Himmel ein Raum ist und kein Jenseits der fortdauernden Beglückung, sondern ein Schlachtfeld von Widersachern. Wäre ein solcher Himmel noch ein Wunschziel fürs ewige Leben?

Es gab sie, die Weltraumstädte und Flugwagen der Antike. Wo Flugwagen sind, muß Navigation sein, und wo Navigation ist, können Flugrouten nicht weit sein.

Al-Mas'udi (895—956), Arabiens bedeutendster Geograph und Historiker, auch der »Herodot Arabiens« genannt, schrieb in seinen ›Historien‹, König Salomon habe wunderbare Karten besessen, welche die Himmelskörper zeigten, doch auch »die Erde mit ihren Kontinenten und Meeren, die bewohnten Landstriche mit ihren Pflanzen, Menschen und Tieren und vielen anderen erstaunlichen Dingen«. Salomon besaß sogar einen »Zauberspiegel«, der ihm »alle Orte der Welt enthüllte«. Es muß ein Spiegel gewesen sein, der unseren so oft falsch prognostizierenden Wetterpropheten fehlt, denn diese geheimnisvolle Apparatur, »zusammengesetzt aus verschiedenen Substanzen«, ermöglichte es Salomon, »in alle sieben Klimas zu sehen«. Eine Fähigkeit, die für das Flugwetter auf allen Routen wichtig war.

Zumindest eine von Salomons Flugstraßen ließ sich rekonstruieren. Nahe der Stadt Srinagar in Kaschmir gibt es einen Berg, der *Takht-i-Suleiman*, Thron des Salomon, genannt wird. Westlich der pakistanischen Stadt Dera Ismail Khan erhebt sich ein zweiter, 3441 Meter hoch gelegener *Takht-i-Suleiman*, und im nordwestlichen Iran, in 2400 Metern Höhe, ein dritter. In allen *Takht-i-Suleimans* wurden Wasser und Feuer verehrt. Wasser und Feuer ergeben Dampf. So postuliere ich, daß Salomon über steuerbare Fluggeräte verfügte, vielleicht über zeppelinartige Heißluftballone, die mit Wasserdampf betrieben wurden und auf den diversen *Takht-i-Suleimans*-Tankstellen, pardon, Tempeln, in denen Wasser und Feuer verehrt wurde, aufgefüllt wurden. Dies um so mehr, als alle ›Throne Salomons‹ auf den Berggipfeln luxuriös ausgestattet waren. Die Flugreisenden amüsierten sich während des Auftankens.

Als ich zum erstenmal von Preben Hanssons Buch hörte, das damals nur in Dänisch vorlag, ließ ich mir die wichtigsten Passagen übersetzen. Eine tolle Entdeckung! Preben Hansson hatte eine vorgeschichtliche Flugroute freigelegt. Da lag sie, unter dem Kompaß seines kleinen Flugzeuges, und keine Macht der Welt konnte sie wieder verschwinden lassen. Die musealen Anlagen von Trelleborg, Fyrkat, Aggersborg und Eskeholm lagen auf einer schnurgeraden Linie. Und sie werden auch in der Zukunft anklagende Zeugen an eine vorgestrige Archäologie sein, für die nicht wahr sein kann, was wahr ist.

Erich von Däniken

TRELLEBORG UND UMGEBUNG AUS DER LUFT

Wikinger und Geometrie

Der Pilot der Oscar Yankee-Papa Romeo Lima hatte gerade seinen Radiocheck »Copenhagen information, how do you read?« abgeschlossen und machte sich daran, seine Navigationsinstrumente auf Odin VOR Radial 120 einzustellen, als sein Blick auf den Umriß einer riesengroßen Radaranlage auf dem Erdboden unter seinem Flugzeug fiel.

Er bemerkte jedoch schnell seinen Irrtum. Hier an dieser Stelle befand sich weder ein Flughafen noch eine Radarstation, sondern das feine geometrische Muster, das sich auf dem Erdboden innerhalb und außerhalb des Ringwalles von Trelleborg abzeichnet. Im Ringwall befanden sich 16 gleiche ellipsenförmige Figuren, die in ihrer verblüffenden Präzision fast wie Zeichnungen einer feinen Filigranbrosche wirkten, die dazu bestimmt war, einem blonden Wikingermädchen um den Hals gehängt zu werden. Außerhalb des Ringwalles waren es 13 identische Figuren; alle gleich groß, alle von Ellipsenform,* und alle in einem perfekten Kreisbogen mit der Ringwallmitte als Zentrum angeordnet. Der ideale Grundriß

---

* Im weiteren als »Ellipsen« bezeichnet; zur genauen Form siehe jedoch die Erläuterung im Quellenverzeichnis[120]

für eine große Radaranlage, der mit seinem eleganten Stil ganz unwahrscheinlich als Grundriß für die bäuerlichen Blockhäuser der rauhen langbärtigen Wikinger ist.

Mangels besserer Erklärungen wurde der Ringwall Trelleborg im Westen Seelands, der Hauptinsel Dänemarks, als eine Wikingerkaserne gedeutet. Blickt man aber von oben auf den geometrischen Grundriß dieser Anlage, werden Zweifel wach. Welche genialen Baumeister, welche raffinierten Architekten und Ingenieure, welche hochqualifizierten Handwerker könnten nach einem so einzigartigen perfekt symmetrischen Grundriß gebaut haben?

Der straffe Grundriß läßt an ein strenges Rechtswesen, strammes Exerzieren und straffe Vorschriften denken. Stammen die Fundamente von einem Kasernenbauwerk, dann muß vollkommene Ordnung in diesen Kasernen geherrscht haben: Alles an seinem Platz, alles registriert, Wachen und Freiwachen, Arbeitszeiten und Ruhepausen, Straßennamen und Hausnummern. Alles muß perfekt gewesen sein, Befehle wurden erteilt: »Rechts um«, »präsentiert das Gewehr«, »Gewehr ab«, »rührt euch!« Aber waren die Wikinger so?

Daß die Wikinger tüchtig und mutig waren, daran besteht kein Zweifel. Sie konnten den Weg über die Meere finden, und sie fanden wieder heim. Sie brachten aus der Fremde Dinge mit, die sie eingetauscht oder einfach von anderen geraubt hatten; Gold und Silber, Waffen, Werkzeug und Hausrat, und vielleicht brachte der eine oder andere Wikinger auch eine schöne dunkelhaarige Jungfrau aus dem Süden mit nach Hause. Das alles ist möglich und wahrscheinlich. Möglicherweise wohnten auch einige der Wikinger bei Trelleborg, Fyrkat oder Aggersborg. Warum auch nicht? Falls andere vor ihnen das Terrain planiert und Wälle, Wege und Steige angelegt hatten, so ist es möglich, daß die Wikinger hier eingezogen waren. Sie waren ja die Stärkeren mit dem Recht des Stärkeren. Aber waren es wirklich die Wikinger, die die Anlagen von Trelleborg, Fyrkat und Aggersborg gründeten, diese verfeinerten Muster, diese Raffinesse, diese hochentwickelte Ingenieurkunst, die im geometrischen Grundriß Ausdruck findet? Bestimmt nicht, und auch der Archäologe Poul Nörlund, der die Ausgrabung der Trelleborger Wälle leitete, hatte seine Zweifel. Er drückte im Buch »Trelleborg« seine Skepsis mit folgenden Bemerkungen aus:

»*Die Anlage Trelleborg ist allzu klar und regelmäßig, als daß sie von unseren nordischen Vorfahren ausgedacht sein könnte, denen eine solche Planmäßigkeit, nach allem, was wir von ihnen wissen, völlig fern lag.*«[3]

Nein, nicht die Wikinger, andere Menschen müssen die Anlage Trelleborg gebaut haben, Menschen, die kulturell und technisch ein hohes Niveau erreicht hatten und die Geometrie, Mathematik, Architektur und Technik beherrschten. In einem Flugzeug, hoch über Trelleborgs Wällen, darf man auch die Gedanken fliegen lassen, und genau das tat der Pilot des Flugzeuges OY-PRL.

Falls das nun gar keine Wikingerburg war, sondern eine technische Anlage, die von einer weit älteren Kultur als der der Wikinger erbaut und benutzt worden war, einer Kultur mit großem technischem Können, so wäre vielleicht der Gedanke an eine Radaranlage dort unten auf der Erde möglich. Dann müßte es einmal in der Vorzeit eine hochtechnologische Kultur gegeben haben, mit Menschen, die die Technik beherrschten, vielleicht noch besser als heute; Menschen, die sich mit weit raffinierteren Methoden bewegen konnten, als es die heutigen Kolbenmotoren und Düsentriebwerke zulassen; vielleicht

Menschen, die sich in der Aufhebung der Schwerkraft auskannten und es damit leicht hatten, Lasten zu bewegen. Menschen, die vielleicht über eine in der Entwicklung so weit fortgeschrittene Technologie verfügten, daß ihre Zivilisation schließlich durch einen Fehler ausgelöscht wurde, wie auch alle Beweise für ihre Existenz. Pessimistische Leute sehen ja auch heutzutage die Möglichkeit einer solchen Katastrophe, die durch einen einzigen Druck auf den falschen Knopf den alles auslöschenden Schlag zur Folge hat.

Der Gedanke an eine solche hochtechnologische Kultur in der Vorzeit ist gar nicht so abwegig. Überall in der Welt finden sich ungelöste Rätsel aus der Vorzeit, Rätsel, die auf gänzlich unbekannte und unbegreifliche Ereignisse zurückzuführen sind. Es gibt Bauwerke, die zu errichten mehr Energie erforderte, als nach heutigen Annahmen in der Vorzeit möglich war.

Im Libanon gibt es Terrassen, die einst von unbekannten Baumeistern in der Vorzeit errichtet wurden. Die Terrassen wurden aus sauber zugeschnittenen Natursteinen von Abmessungen bis zu 20 x 4 x 4 Meter mit Stückgewichten bis zu 600 Tonnen, das sind 600 000 Kilogramm, erbaut. Transport- und Baumethoden bei solchen Bauwerken kann man sich überhaupt nicht vorstellen, falls nicht eine besondere Energie zur Verfügung stand.

Oder Ägyptens Pyramiden, von denen die berühmteste — die Cheopspyramide — aus 2,3 Millionen Steinblöcken besteht, mit einem durchschnittlichen Gewicht von 3 bis 4 Tonnen pro Stück. Eine der Kammern in der Pyramide besteht ganz aus Granitblöcken, von denen alleine die Decksteine ein Gesamtgewicht von 400 Tonnen haben. Man hat errechnet, daß 100 000 Arbeiter 23 Jahre lang am Bau beschäftigt gewesen sein müssen, hat jedoch am Ort nur Wohnstätten und Lebensmöglichkeiten für

4000 Menschen finden können. Die Leistung von 96 000 Arbeitern über 23 Jahre fehlt also in der Rechnung; die fehlende Arbeitskraft muß auf andere Weise aufgebracht worden sein. Man hat auch berechnet, daß während der 23 Jahre, die man als Zeitraum für den Bau der Pyramide annimmt, im Durchschnitt pro Arbeitstag 800 Tonnen Stein gebrochen, behauen, transportiert und eingesetzt worden sein müssen.[23] Es ist nur schwer vorstellbar, wie das ohne Technologie und Energie bewerkstelligt wurde. Die Rätsel der Pyramiden sind weiterhin ungelöst.

Rund um die Erde finden sich weitere Riesensteinanlagen, von denen man angenommen hat, sie könnten eine Art von Signal sein; in England das phantastische kreisrunde Stonehenge, erbaut aus Steinen, die bis zu 50 Tonnen wiegen und aus einem 100 Kilometer entfernten Steinbruch stammen. Die meisten Theorien gehen davon aus, daß Stonehenge auf irgendeine Weise auf Sonne, Mond und Sterne ausgerichtet war.

In der Bretagne in Frankreich stehen kilometerlange Reihen aus sogenannten Megalithen: 3000 große, über eine Strecke von 8 Kilometern hochkant gestellte Steine in bis zu 10 Reihen Seite an Seite. Sie sind in Kreisen, Bögen und geraden Linien angeordnet. Was brachte die Menschen dazu, solche Anlagen aufzubauen? Und es gibt Kreise wie die Ringwälle der »Trelleburgen« und Bögen wie die Parabel von Trelleborg.* Waren das Antennenanlagen? Niemand weiß es. Hinter diesen Riesenanlagen der Vorzeit stehen wohl Kenntnisse und Ereignisse, die seit langem vergessen sind; es sind große und noch ungelöste Rätsel.

---

* Mit »Parabel« ist hier und im weiteren die bogenförmige Gruppierung außerhalb des Ringwalles gemeint. Siehe dazu die Erläuterung im Quellenverzeichnis.[124]

Sowohl die Geschichtsschreibung als auch die Forschung ist bei den »Trelleburgen« in Dänemark (Trelleborg in Westseeland, Fyrkat bei Hobro und Aggersborg bei Lögstör) seit langem festgefahren; sie sind an der Erklärung, daß die Wikinger die Erbauer seien, hängengeblieben. Es gibt fast keine Bodenfunde im geometrischen Muster außer den Spuren der Holzpfosten im Erdreich. Keine geschichtlichen Beweise können bekräftigen, daß die Wikinger mit der Errichtung der »Trelleburgen« zu tun hatten, und nirgends wurde etwas gefunden, was einem Wikinger gehört hätte.[118]

Natürlich fand man an Fyrkats Burggraben einige Holzreste, vielleicht Reste einer Palisade, die man mit modernen Methoden in die Zeit datiert hat, in der die Wikinger in Dänemark hausten. Dies ist der Hauptgrund dafür, daß die »Trelleburgen« den Wikingern zugeschrieben wurden, doch müssen diese Holzstücke ja nicht unbedingt von den ursprünglichen Baumeistern der Anlagen des geometrischen Grundrisses stammen. Das gefundene Holz kann von den Wikingern oder anliegenden Großbauern stammen. Sie könnten das Holz zu irgendeinem Zweck in Verbindung mit den Ringwällen benutzt haben, vielleicht als Schutz gegen umherstreifende Räuber. Es wurden niemals Reste des Holzes gefunden, aus dem das geometrische Bauwerk bestanden hat. Die Balken waren vollständig verrottet; die Erde hatte dort, wo die Pfosten gestanden hatten, nur eine dunklere Farbe. Vielleicht waren diese Pfosten wesentlich älter als die Holzreste, die man außen vor dem Ringwall von Fyrkat fand. Auf diese Weise war es unmöglich, eine Altersbestimmung des Holzes der geometrischen Bauwerke vorzunehmen, weder mit der Kohlenstoff-C-14-Methode noch mit der dendrochronologischen Methode. Die Theorie, daß die Wikinger die sogenannten

»Trelleburgen« errichtet haben, stellt also eine Sackgasse dar.

Es läßt sich aber denken, daß die Parabel von Trelleborg der Überrest einer technischen Anlage ist. Sie war nach einem Punkt in der Nähe oder Ferne ausgerichtet, vielleicht sogar nach einem Objekt außerhalb der Erdoberfläche. Sollte die Parabel vielleicht wirklich die Spur zu einer Art Antenne oder Radarschirm sein? Ein unglaublicher Gedanke, aber warum sollte man sich die Sache nicht näher betrachten? Falls sich der Gedanke lediglich als Hirngespinst, als Ausgeburt der Phantasie erweisen sollte, muß eine Untersuchung bald wegen fehlender Spuren und Beweise scheitern. Aber falls der Gedanke sich als richtig erweisen sollte, müssen unzählige weitere Spuren zu finden sein. Mehr als jene, die die tüchtigen Archäologen mühsam freigelegt und zementiert haben.

Es bedarf unorthodoxer Gedanken und Theorien, um der Lösung des Problems näherzukommen, und viele haben darüber spekuliert, wie der Schlüssel zum Rätsel der Trelleburg gefunden werden könnte. Einer ist der Architekt Peter Bredsdorff, der eine Art Formel oder Gleichung aufgestellt hat, die vielleicht bei der Untersuchung behilflich sein kann. Die Formel sieht so aus:

»Absicht + Voraussetzung = Plan«[14]

Hinter der Formel steckt die Vorstellung, daß man, wenn man zwei Größen in der Formel kennt, die dritte berechnen kann.

Wir haben eine Art Plan, den Grundriß der Trelleburg mit dem seltsamen Halbkreis. Wir stellen die Theorie auf, daß der Grundriß von Leuten stammt, die im Besitz von großem technologischem Know-how waren, und daß die Trelleborganlage zur Navigation benutzt wurde oder um Verbindung über große Entfernungen aufrechtzuerhalten. Also schreiben wir die Formel folgendermaßen um:

- Absicht = Navigation oder Kommunikation
- Voraussetzung = Technik und Energie
- Plan = Grundriß der Trelleburg

Mit dieser Wunderformel und einer dünnen Theorie über eine technologische Vorzeit auf der Erde, aber mit der ganz sicheren Überzeugung, daß die Wikinger keinesfalls Genies auf dem Gebiet der Geometrie waren, fangen wir an, nach neuen Spuren in Trelleborg zu suchen.

Ein Schwimmbagger in Schwierigkeiten

Baggerführer Madsen steuerte sein Fahrzeug, den Schwimmbagger Lammefjord/Randers, in östlicher Richtung gegen Wind und Strömung. Er wischte sich die Schaumspritzer von der Stirn und legte das Ruder hart nach Steuerbord. Mit dieser Kursänderung steuerte er nun vom Tude-Fluß in Westseeland den kleineren Vaarby-Fluß stromaufwärts. Dort sollte er anno 1942 auf Rechnung des Amtes Flußregulierungsarbeiten ausführen. Der Zweite Weltkrieg war in vollem Gange, aber daran dachte Madsen nicht; er hatte gerade den Ringwall von Trelleborg in Sicht und vermeinte einen kurzen Augenblick lang, Geräusche der Schwerter und Keulen der

Wikinger und das heisere Brüllen des Häuptlings zu hören. Dann kam er wieder auf den Boden der Tatsachen zurück und wurde sich darüber klar, daß es die gewohnten Geräusche der Ketten und Schaufeln des Baggers waren, die quietschend und lärmend im Schlamm des Vaarby-Flusses gruben, um die Wassertiefe zu regulieren. Er kaute noch einmal seinen Priem, spuckte ihn dann in hohem Bogen auf die Wiese bei den Wällen von Trelleborg und setzte seine langsame Fahrt fort, bei der er bestenfalls etwa zwei Kilometer in 14 Tagen zurücklegte. Aber plötzlich stoppte etwas die Fahrt, die Schaufeln förderten keinen Schlamm mehr, sie schabten mit einem häßlichen Geräusch, das den ganzen Kahn erzittern ließ, an irgend etwas Hartem auf dem Grund.

Eine genauere Untersuchung ergab, daß sich einige große Steine auf dem Grund des Flusses befanden. Madsen fluchte schrecklich und rief den Maschinenführer Munk herbei, der mit seinem Raupenkettenkran mit Ausleger in der Nähe arbeitete, damit er die Steine vom Grund ans Flußufer heben konnte. Als sie sich einen ganzen Tag mit den großen Steinen abgemüht hatten, ohne daß der Bagger auch nur einen halben Zoll weitergekommen wäre, vermutete Madsen, er hätte wohl einen Unterwasserberg oder etwas Ähnliches gerammt, und gab dem Aufsichtsführenden des Amtes Bescheid. Hier läge höhere Gewalt vor, er fordere Zusatzbezahlung. Der Aufsichtsführende hielt dies für stark übertrieben, aber er kam, um die Lage selbst zu beurteilen. Als er am Ort ankam, hatten Madsen und Munk drei volle Tage lang Steine ans Ufer geschleppt. Die Steine lagen nun in großer Menge zu beiden Seiten des Flußlaufes. Der Aufsichtsführende dachte, da sie sich vor dem Ringwall von Trelleborg befanden, wäre es wohl das beste, das Nationalmuseum zu benachrichtigen. Dort entschied man, daß es trotz der beschränkten Mittel nötig sei, sich die Sache anzusehen. Gesagt, getan; aber jetzt hatte Madsen bereits alle Steine heraufgeholt, die dem Bagger im Wege lagen. Sie bedeckten die ganze Umgebung und lagen zu beiden Seiten des Vaarby-Flusses in einer Länge von 140 Metern und mit einem Gewicht von mehr als 1000 Tonnen. Sie wurden später abtransportiert und bei anderen Bauarbeiten verwendet. Zuvor war Inspektor Roussel vom Nationalmuseum am Ort, er schrieb in seinem Bericht:

»Bei meinem ersten Besuch am Ort wurden Steine vorgefunden, die als ca. 5 Meter breiter Saum auf beiden Seiten des Flusses lagen. Sie begannen, jäh genau an der Stelle, an der man den Vorburg-Wall erreicht, und endeten dort, wo dieser die Walltangente verläßt.«[11]

Ein Jahr später, als die Steine bereits verschwunden waren, unternahmen Dr. Nörlund, Professor Knud Jessen und Inspektor Roussel eine Probegrabung und kamen zu dem Ergebnis, daß die Steine, die wie ein schildförmiges Pflaster ein gutes Stück unter der Erdoberfläche lagen, aus einer Zeit lange vor den Wikingern stammen mußten. Knud Jessen erklärte, daß es sich bei dem Steinvorkommen um ein, wenn auch ungewöhnliches geologisches Phänomen handeln müsse. Die Steine, die nicht bei der Wasserlaufregulierung entfernt wurden, warten dort noch auf weitere Erforschung.

Aber mit solchen Problemen beschäftigte sich Baggerführer Madsen überhaupt nicht. Er war erleichtert darüber, daß er die Steine losgeworden war, die ihm im Wege lagen, und er auf dem Fluß weiterkommen konnte. Als er das nächste Mal gegen Steine auf dem Grund des Flusses stieß, war der Raupenkettenkran weit weg, und außerdem hatte er keine Lust, die Geschichte noch mal zu wiederholen. So versuchte er auszuweichen, indem er den Bagger sich etwas in das Flußufer hineinfressen ließ. Es gelang ihm, das Hindernis zu umbaggern, mit dem Ergebnis, daß eine hübsche kleine Beule im Flußufer zurückblieb. Als er dann einige hundert Meter weiter erneut auf das Problem stieß, wiederholte er die vorherige Prozedur. Aber nun wurde es wieder ernst. Um die Hindernisse auf dem Grund des Flusses war kaum noch herumzukommen, und beide Seiten des Flusses waren weich und sumpfig. Ein Kran wäre keine Hilfe, er würde sich sofort festfahren. So bugsierte Madsen mit Mühe und Not seinen Schwimmbagger außen um die Hindernisse herum und hinterließ eine große Ausbuchtung auf beiden Seiten des Flusses, zur großen Verwunderung der Bauern der Umgebung. Madsen hatte nun genug, sowohl von Aufsichtsführenden als auch von Experten des Nationalmuseums, und schwieg. Das brachte ihn um Ehre und Berühmtheit; denn was Madsen da mit so großer Mühe mit seinem Schwimmbagger umfahren hatte, waren die auf dem Flußgrund zurückgebliebenen Pfeiler der Brücke, nach der die Archäologen so eifrig ohne Erfolg gesucht hatten.

Als man bei der Ausgrabung von Trelleborg keine Spur der alten Wege nach Osten ins Land hinein fand, schloß man daraus, daß irgendwo eine Brücke gewesen sein müßte, die die Trelleborganlage mit der Umwelt verband. Man führte eine Reihe von Probegrabungen durch, um diese Brücke zu finden, aber ohne Erfolg. Sonst hätten die Archäologen vielleicht Licht in die Probleme um Zweck und Herkunft Trelleborgs bringen können. Die Brücke, deren Existenz von den Archäologen vermutet wurde, gab es wohl, allerdings an einer Stelle, die für eine Brücke zu einer Wikingerburg kein logischer Stand-

Abb. 1: Infrarotaufnahme. Standort der Trelleborgbrücke. Die Ausbuchtung, die der Schwimmbagger aus dem Flußufer herausarbeitete, und die Veränderungen des Pflanzenwuchses an der Stelle der Brücke und des Weges zur Brücke sind deutlich zu sehen.

ort war. Es waren die Überreste dieser alten Brücke, die die Wasserlauf-Regulierung an jener Stelle, einige hundert Meter südlich von Trelleborg, so schwierig machten. Daß es eine große und stabile Brücke für Schwertransporte war, kann man aus dem länglichen Rechteck von ca. 50 x 100 Metern ersehen, das sich durch die Vegetation abzeichnet. Die Pflanzen innerhalb dieser sonst unberührten Umgebung wachsen nämlich anders als die sie umgebenden Pflanzen, weil sich der Boden durch heruntergefallene Reste der Transporte über die Brücke und Reste des Baumaterials, die zurückblieben, als die Brücke außer Gebrauch kam, änderte. Auch den Weg von Trelleborgs Südtor zum Brückenanfang kann man erkennen; er zeichnet sich als Streifen auf dem Feld längs der Wiese ab. Die Natur enthüllt auf wundersame Weise die Spuren aus der Vorzeit.

Wir gehen wieder in die Luft. Diesmal, um die ersten Beweise dafür zu fotografieren, daß die Geschichte von Trelleborg viel weiter zurückreicht, als derzeit angenommen wird. Das Luftbild zeigt die beiden Ausbuchtungen, die der Schwimmbagger auf beiden Seiten des Flusses grub, als er die Reste der Brückenpfeiler beseitigte. Umriß und Größe der Brücke sind als lange gerade Linie zu erkennen. Es muß eine lange, breite und stabile Brücke gewesen sein, eine Brücke, die zu einem für Trelleborg wichtigen Punkt führte. Die Untersuchungen haben gerade erst begonnen (Abb. 1).

Da, wo die Brücke auf der entgegengesetzten Seite Trelleborgs wieder festen Boden erreichte, liegt heute ein bescheidenes und vergessenes Dorf mit wenigen Häusern. Einst, vor sehr langer Zeit, war dies ein Ort voll Gedränge und Lärm des Verkehrs von und nach Trelleborg. Die Stelle, zu der die Brücke auf der Südseite des Flusses führte, wurde vor langer Zeit Uranegaard genannt. »Ur« bedeutet allererster, »Ane« bedeutet Vorfahre und »gaard« bedeutet Hof; »der Hof des allerersten Vorfahren«.

Trelleborgs Hafenweg

»Alle Wege führen nach Rom« lautet ein uraltes Sprichwort, das noch Jahrtausende nach der großen Zeit der Römer davon erzählt, wie Wege immer zu wichtigen Zentren hinführen. Ein entsprechendes Muster findet sich überall: beim Übergang über einen Wasserlauf, bei einem Fährhafen, bei einer Furt oder bei einer Brücke. Die Wege laufen in Fächerform an dieser Stelle zusammen, so auch die Wege zu der großen Brückenanlage, die Trelleborgs Konstrukteure errichtet hatten, um ohne Schwierigkeiten zu dem Bauplatz an dem Ringwall von Trelleborg zu kommen.

Fünf Wege aus dem winzigen Dorf Gammel Forlev heraus verraten dabei auch, daß es hier einst viele Menschen und viel Verkehr gab. Das gegenüber von Trelleborgs Wällen liegende Dorf besteht nur aus wenigen Höfen entlang des Flusses, ein einziger Weg von und zu diesem Dorf hätte völlig gereicht. Die fünf Wege, die sich um das Dorf gebildet haben, entstanden lange vor der jetzigen Bebauung. Die Wege gingen alle von genau der gleichen Stelle aus, nämlich vom südlichen Ende der Brücke von Trelleborg. Um diesen Knotenpunkt herum entstand vor langer Zeit das allerälteste Forlev. Das Dorf erhielt seinen Namen nach einem der alten heidnischen Götter. Die zwei Wege, die nach Nordwest verlaufen, gingen zum Damm bei Pinemölle und von dort weiter nach

Asnaes und Reersö. Der Weg, der nach Südost führt, geht an der Stelle vorbei, an der viel später Schloß Antvorskov errichtet wurde. Der Weg gen Süden ging nach Vemmelev, Ormeslev, Tinghuse und Tronagre, aber der fünfte Weg, der jetzt nur abschnittsweise in Gebrauch ist, war wohl der älteste und erste Weg, der von Forlev fortführte.

In Gammel Forlev erinnert man sich noch, daß die Tiere im Frühjahr zum Grasen auf die Weide diesen Weg entlanggetrieben wurden, aber es erinnert sich keiner mehr daran, daß der Weg einmal viel weiter ging. Nach und nach wurde der Weideweg innerhalb der letzten Jahrhunderte von Landstraße, Eisenbahnlinie und Autobahn unterbrochen, so daß schließlich nur noch Bruchstücke von dieser alten Hauptstraße übrigblieben. Sie verlor damit ihre ursprüngliche Bedeutung als Hauptverkehrsader. Die Straße war einmal von ungeheurer Wichtigkeit, als sie direkt zum Hafen von Trelleborg an der Küste des Großen Belts führte.

Die Archäologen, die Trelleborg ausgruben und kartographisch erfaßten, suchten nach einem Hafen mit Verbindung zu Trelleborg an der Küste des Großen Belts. Mit dem sicheren Gefühl, daß bei einer so großen und bedeutenden Anlage wie Trelleborg auch ein großer Hafen vorhanden gewesen war, vermuteten sie, daß ein solcher Hafen in 5—6 Kilometern Entfernung von Trelleborg zu finden sein müßte. Sie hatten völlig recht. Der Endpunkt des Weideweges, der Hafen Trelleborgs, befindet sich 6 Kilometer südwestlich der Trelleborgbrücke an einer Stelle, die jetzt Korsörhaff genannt wird, die aber einstmals ein Teil des Großen Belts war.

Der Hafen von Trelleborg wurde später Kaasör genannt, aber zu diesem Zeitpunkt erinnerte sich niemand mehr an den ursprünglichen Zweck des Schiffsliegeplat-

Abb. 2: Luftfoto von Gammel Forlev in Richtung Korsör Nor. Der Hafenweg zeichnet sich durch die Linien in der Landschaft ab, er beginnt mit einem hellen Streifen und läuft in einem leichten Bogen über das Kornfeld.

zes am Strand, nämlich Riesenbaumstämme aus den norddeutschen Wäldern zum Bau der Anlage bei Trelleborgs Wällen zu übernehmen. Die Baumstämme wurden auf einer einen Kilometer langen Mole an Land gebracht und von hier auf dem Weideweg über die Trelleborgbrücke zum Bauplatz beim Ringwall transportiert. Das ging nicht immer ganz glatt. Die Umgebung von Uranegaard, die noch auf der Rytterdistriktskarte von 1769 als »Großer Erdwall« bezeichnet wird, fällt ziemlich steil gegen die Trelleborgbrücke ab. Hier ließ das Gewicht der Baumstämme die Mannschaften zuweilen die Kontrolle verlieren, und die Stämme fielen in den Fluß. Einige der Baumstämme wurden wieder geborgen, aber die im

Schlamm versunkenen blieben liegen. Als Hofbesitzer Jörgen Pedersen auf Uranegaard vor vielen Jahren mit seinem Vater einen Entwässerungsgraben in die Wiese grub, stieß er insgesamt viermal auf waagerecht tief unten in der Erde liegende dicke Baumstämme. Sie mußten mit Äxten zerhauen werden, damit der Graben weitergebaut werden konnte. Aber die Enden dieser Baumstämme liegen noch dort und warten auf eine genauere Untersuchung.

Auch auf dem Nachbarhof »Aakandegaarden« kann nach Spuren aus der Vorzeit gegraben werden. Luftfotos von Aakandegaardens Feldern zeigen entlang des Flusses Häuser, die in der Vorzeit hier gestanden hatten. Auf den Feldern Uranegaardens, dicht an Trelleborgs Hafenweg, kommen jedes Jahr beim Pflügen im Frühjahr Reste von Holzkohle und gebranntem Ton zum Vorschein, auch hier kann nach interessanten Vorzeitresten gesucht werden.

Wir verlassen diese interessante Stelle und begeben uns hinaus auf Trelleborgs Hafenweg; nicht unten auf der Erde, wo die Straße unablässig von modernen Verkehrsadern in Stücke gehackt wird, sondern oben in der Luft, von wo aus der alte Straßenverlauf beim Betrachten der Linien in der Landschaft leicht wiederzuerkennen ist (Abb. 2). Aus der Luft ist es auf diese Weise möglich, der Straße bis zu dem Punkt an der Küste zu folgen, an dem die alte Straße über den Strand und hinaus ins Meer verläuft. Unzählige Spuren erzählen, daß auch der Hafenbau eine Kleinigkeit für die Baumeister von Trelleborg war.

Trelleborgs Hafen

Karl Nikolaj Henry Petersen unternahm 1885 eine Reise durch Westseeland. Gegen Nachmittag erreichte er das Haff von Korsör, wo sich ein Runenstein draußen im Wasser auf der östlichen Seite des Haffs befinden sollte. Er zog sich die langen Seestiefel an und watete hinaus in das kalte Wasser, wo er wirklich einen großen Stein mit merkwürdigen Zeichen fand. Der Inspektor vermaß den Stein, sah sich kurz die Inschrift an und machte folgende Eintragung in sein Notizbuch:

»Runenstein von Taarnborg, im Wasser südöstlich der Kirche von Taarnborg, 600—800 Meter östlich der Schloßruine. Lag mit der Runeninschrift nach oben; unter gewöhnlichem Wasserstand im Schutz des Strandes, YRPI.«

Mehr geschah nicht; der Inspektor archivierte, wie es seine Gewohnheit war, das Notizbuch im Nationalmuseum, wo es in der Mappe Taarnborg Sogn, Slagelse Herred, Sorö Amt registriert wurde. So konnten es die tüchtigen Damen der Abteilung wiederfinden, falls jemand danach fragen sollte. Falls nun der Reichsantiquar imstande gewesen wäre, seinen ausgesandten Inspektor mit einem Flugzeug auszurüsten, und der Inspektor die Gelegenheit genutzt hätte, den Runenstein aus der Höhe zu betrachten, dann wäre er auf Vorzeitanlagen von enormen Dimensionen aufmerksam geworden.

Abb. 3: Wachtturm im Großen Belt. Reste des alten Turmfundaments. Diese Steine befinden sich die meiste Zeit unter der Wasseroberfläche.

In der Nähe des Runensteins befindet sich ein Kreis aus großen Steinen, ein Turmfundament. Falls der Inspektor Aufzeichnungen über diesen Steinring auf dem Meeresgrund heimgebracht hätte, so hätte das Nationalmuseum sicher Mittel für ein genaueres Studium des Phänomens bewilligt. Aber es sollte nicht so sein, und als Karl Nikolaj Petersen sieben Jahre später zum Reichsantiquar und Direktor des Nationalmuseums befördert wurde, da war so vieles andere zu bearbeiten, daß die Zeilen im Notizbuch unbeachtet blieben.

Es wäre eine kleine Sensation gewesen, hätte der Inspektor die Neuigkeit mit heimgebracht, daß draußen im Wasser vor der Stelle, an der die Küste eine kleine Landzunge bildet, die Reste eines Turmfundamentes zu finden sind. Eine Steinsetzung zum Land hin zeigt, wo der Zugang zum Turm gewesen war (Abb. 3).

Die Form und Größe deuten darauf hin, daß dies die Reste eines der sogenannten Warttürme sind, über die Vilhelm la Cour 1972 schrieb:

»Es wäre sonderbar, wenn nicht auch am Großen Belt Warten vom primitivsten Typ existiert hätten. Wir sind bis jetzt nicht imstande, irgendwelche Warten-Anlagen an diesem Fahrwasser nachzuweisen.«[12]

Lange vor dieser Zeit hatten schon andere spekuliert, wo dieser Wartturm zu suchen sei. Das Jahrbuch für Nordische Altertumskunde und Geschichte berichtet hierüber:

»Wenn man bereits früher angenommen hat, daß vor der letzten Zerstörung Taarnborgs ein kleinerer Festungsturm bei Korsör gelegen hat, wird dies, wie nachstehend nachgewiesen werden soll, durch archäologische Zeugnisse bekräftigt. Auf geschichtlichem Wege scheint man diese Frage nicht entscheiden zu können.«

Aber hier ist die fehlende Lösung: Der Turm befand sich auf dem Grunde des Haffs von Korsör, und wenn bis heute niemand diesen Wartturm finden konnte, so liegt das daran, daß längst in Vergessenheit geraten war, daß das Korsörhaff einmal ein Teil des Großen Belts war. Es war ein mächtiger Binnensee mit einer Unzahl von kleinen Inseln, dessen Schönheit sich beinahe mit der des Schärengebiets bei Stockholm messen konnte. Die Inseln wurden später durch zahlreiche Dämme verbunden, und ein paar Generationen später gab es niemanden mehr, der wußte, daß der Strand des Großen Belts einmal bis zur Küste an der Kirche von

Taarnborg und der Ruine von Schloß Taarnborg gereicht hatte.

Etwas südlich der Reste des Wartturms am Großen Belt entlang des Strandes, aber ein kleines Stück außerhalb im Wasser, befinden sich einige Reihen von Steinen, die Reste alter Kaistraßen. Wenn die Steine heute in geraden Reihen freiliegen, so ist dies darauf zurückzuführen, daß die weiteren Teile der Auffüllmaterialien im Laufe der Jahrhunderte vom Meer fortgespült wurden. Aber ein einfacher Versuch mit einer Stahlsonde zeigt, daß außerhalb der Steinreihen der Meeresboden weich, sumpfig und grundlos ist, innerhalb der Steine aber so hart wie die schwereren Materialien, die das Meer liegenlassen mußte. Man könnte auch heute noch mit schweren Wagen darauf fahren. Der Grundplan für diese Kaistraßen gleicht dem des Schiffsliegeplatzes auf Samsö, dem ältesten Teil des Hafens von Kolby Kaas, den man südlich der jetzigen Hafenmole von Kolby Kaas im Wasser sehen kann. Er wurde sicherlich von denselben Baumeistern angelegt, die auch den Schiffsliegeplatz im Haff von Korsör erbauten.

Am Ende dieser Kaistraßen befindet sich eine archäologische Sensation, um die der Inspektor des Nationalmuseums auch kam, weil es nicht möglich war, die Stelle aus der Höhe zu betrachten. Es handelt sich um eine sehr lange gerade Steinreihe, die fast rechtwinklig zur Küste liegt und keine Laune der Natur, sondern ein Menschenwerk von beträchtlichen Ausmaßen ist.

Diese große Anlage blieb dem Inspektor unbekannt, aber ortskundige Leute wußten über die Steinreihen Bescheid und berichteten den Zuständigen über diese ungewöhnliche Formation. In der Abteilung I des Nationalmuseums befindet sich eine Bezirksbeschreibung, die Christian Blinkenberg 1892 verfaßte und in der man folgendes lesen kann:

Abb. 4: Hafenmole, von der Molenmitte landwärts gesehen. Normalerweise liegt die Mole unter der Wasseroberfläche. Nur einzelne Steine tauchen bei Ebbe auf.

»Tjaereby Nr. 33, aus Matr. Nr. 2. Eine teilweise erhaltene gerade Reihe aus zum Teil sehr großen Steinen, die sich von der Ostküste des Korsörhaffs hinaus ins Wasser erstreckt bis zu der Stelle, an der das tiefere Wasser ist. Stelle nicht aus nächster Nähe gesehen. Nach Mitteilung liegen die Steine an keiner Stelle in doppelter Schicht. Genannt Marsk Stigs Riff; es wird erzählt, daß Marsk Stig eine Brücke über das Haff legen wollte, um Schloß Korsör zu zerstören.«

Wenn Christian Blinkenberg die Stelle nicht aus nächster Nähe zu sehen bekam, so ist dies nicht allzu merkwürdig, da sich gewöhnlich fast alle Steine unter der Wasseroberfläche befinden. Aber sollte man geduldig genug sein, den richtigen Zeitpunkt abzuwarten, nämlich wenn ein Oststurm das Wasser durch die Einfahrt zum Haff gedrückt hat und wenn gleichzeitig extremes Niedrigwasser ist, so offenbart sich ein märchenhafter Anblick. Marsk Stigs Riff ist bestimmt kein Riff, sondern der Rest einer uralten Hafenmole, die sich von der Küste 1000 Meter hinaus ins tiefere Wasser erstreckt, wo Schiffe fahren konnten. Der Umriß zeichnet sich immer noch auf dem Meeresgrund deutlich ab. Besonders nach einem Sturm sind all die weicheren Pflanzenteile fortgespült, dann zeichnet sich der Umriß auf dem Meeresgrund mit scharfen Linien bis hinaus zur äußersten Grenze ab. Wenn der Wasserstand außergewöhnlich niedrig ist, kann man die Mole in ihrer ganzen Länge sehen, und es läßt sich leicht feststellen, daß innerhalb des Molenbereiches der Grund des Meeres genau wie auf den Kaistraßen hart und fest ist (Abb. 4).

Christian Blinkenberg schreibt 1892 über diese Anlage: *»Es wird erzählt, daß Marsk Stig eine Brücke über das Haff legen wollte, um das Schloß Korsör zu zerstören«*, aber Marsk Stig war als starker und tatkräftiger Gutsbesitzer aus Nordfünen bekannt, der eine so große Schiffsflotte besaß, daß er imstande gewesen war, sich Ländereien auf beiden Seiten des 20 Kilometer breiten Großen Belts zu unterwerfen. Falls er Pläne gehabt haben sollte, das Schloß Korsör zu zerstören, das, wenn es zu diesem Zeitpunkt überhaupt schon existierte, auf einer ganz kleinen Insel in der Einfahrt vom Korsörhaff lag, wäre er ganz bestimmt mit seiner Flotte in See gestochen, um sein Ziel zu erreichen. Es ist ganz undenkbar, daß er Tausende von Männern viele Tonnen Steine hinaus in das Korsörhaff schleppen ließ, um ein Schloß in ein paar Kilometern Entfernung einzunehmen. Nein, diese riesenhafte Hafenanlage wurde nicht von Marsk Stig gebaut, und es war kein natürliches Riff. Es war ein Hafen mit Wachttürmen und Kaianlagen, der zu einem ganz bestimmten Zweck angelegt wurde, von jemandem, der Macht und Organisationstalent hatte. Es waren Trelleborgs Baumeister, die den Hafen für den Transport und die Bearbeitung von Baumaterialien für die Anlage Trelleborg errichteten.

Abb. 5: Reste des Brückenpflasters des Trelleborger Hafens, die sich noch in der ursprünglichen Lage befinden.

Woher die große Menge von Steinen zu diesem Hafenbau stammt, ist ein Rätsel. Die Umgebung ist arm an großen Steinen, doch vielleicht waren schwere Gewichte und lange Transportwege gar kein Problem für diese Hafenbauer. Vielleicht wurden die Steine aus der Tiefe des Meeres geholt oder aus den nächsten Bergformationen, 150 Kilometer entfernt.

Der Mittelteil der Mole ist am besten erhalten, und hier findet man leicht Spuren aus der Vorzeit. Reste des Pflasters der Hafenmole sind erstaunlicherweise auf dem Meeresgrund noch erhalten geblieben, waagerecht und eben, genauso wie sie damals lagen, als die Hafenmole im Gebrauch war (Abb. 5).

In einigem Abstand zueinander sind entlang der Mole bearbeitete Steine zum Vertäuen der Schiffe angebracht. Sie unterscheiden sich in Form und Größe nur wenig

Abb. 6: Auf halbem Wege befindet sich auf der Mole ein Stein mit einem Zeichen, ein Kreis mit einem Kreuz darin.

von den Pollern, die es entlang der Kais in allen Häfen gibt, sind allerdings durch Alter und Eisgang geprägt. Einige von ihnen stehen noch aufrecht, als warteten sie noch immer auf Schiffe.

Auf halbem Wege befindet sich ein schöner großer heller Stein, der auffallend aufrecht und rechtwinklig auf der Mole steht. Auf seiner landeinwärts gerichteten schrägen Oberfläche befinden sich vier parallele Linien, die vielleicht einen Text über die Verwendung der Hafenmole enthielten. Auf dem Meeresgrund liegt auch ein Stein mit einem Zeichen, von dem wir noch mehrere sehen werden, einem Kreis mit einem Kreuz darin (Abb. 6).

Der Schiffsliegeplatz hier im Haff von Korsör, am Ende des Weges von Trelleborg, wurde als Trelleborgs Hafen angelegt, später wurde er zu einem Fischerdorf, und danach zur Fährstelle über den Großen Belt. Dort ka-

Abb. 7: Spuren der Arbeit im Steinbruch; keilförmige Steinsplitter und Abschläge.

men Könige und Adel über den alten Königsweg an, um über den Belt übergesetzt zu werden. Als der Hafen Korsör rings um die Seebatterie von Korsör entstand, verlor der Schiffsliegeplatz seine Bedeutung und endete schließlich als Steinbruch und als Arbeitsplatz für die Angehörigen des königlichen Vorwerkes, das sich auf dem Abhang direkt oberhalb der großen Hafenmole befand. Die vielen Steine, die noch sauber in Reih und Glied liegen, sind nichts gegen die Menge von Steinen, aus der der Hafen ursprünglich bestand. Solange er für Schiffe noch befahrbar war, bargen Steinfischer jahrhundertelang ihre Last von Steinen. Auch von der Küste aus wurden Steine der Mole entnommen und in das Landesinnere gefahren oder geschleppt, um sie an anderen Stellen als Baumaterial zu verwenden.

Die Spuren der Arbeit im Steinbruch finden sich überall in der Umgebung des Hafens. Bei dem runden Wartturm liegen Tausende von Steinsplittern, die vom Behauen der Natursteine stammen. Rings um das Turmfundament gibt es große, schön bearbeitete Reste der riesigen Steine, aus denen der Turm gebaut war, perfekt zugehauen nach der Keilspaltmethode, die bereits in allerältesten Zeiten angewendet wurde. Der Steinmetz machte mit Hammer und Meißel eine Reihe von Vertiefungen in die Oberfläche entlang der Linie, an der der Stein geteilt werden sollte, setzte in jedes Loch drei kleine Keile ein und hämmerte die Keile mit Hunderten von kleinen Schlägen in den Stein hinein, bis die Spannung so groß wurde, daß der Stein auseinanderbrach (Abb. 7).

Ein Schiffsliegeplatz und ein Steinbruch von diesen Dimensionen müssen unzweifelhaft sowohl im Land als auch in der Geschichte Spuren hinterlassen haben, und so war es auch.

Königliche Privilegien

Auf einer uralten Landkarte der Stadt Korsör ist eine kleine Brücke auf das Korsörhaff hinaus eingezeichnet. Sie ist mit der Anmerkung »zum Kaas« versehen. Von hier fuhr man in kleinen Schiffen zu dem Schiffsliegeplatz, den wir gefunden haben. Er hatte seine Bedeutung verloren, als die Schiffahrt zu der damals neugebauten Schiffsbrücke von Korsör verlegt wurde, die später zum Hafen von Korsör wurde. Auch im Stadtnamen Korsör findet man Erinnerungen an den großen Schiffsliegeplatz im Haff. »Kaas« bedeutet in der altnordischen Sprache »Schiffsliegeplatz« und »ör« bedeutet »Sandstrand«. Der Stadtname Korsör ist aus diesen beiden alten Wörtern gebildet; die Schreibweise änderte sich im Laufe der Zeit, aber die alten Fischer und Seeleute sprechen den Namen noch so aus, wie er ursprünglich hieß, »Kosör«.

Ein anderer Ortsname erzählt von dem Steinbruch. Klarskov, das jetzt zu einem kleinen Waldstück südlich von Korsör weit draußen an der Küste des Großen Belts zusammengeschmolzen ist, war einmal ein großer und bedeutender Wald, der sich von der Kirche von Taarnborg über den Süden vom Korsörhaff ganz hinaus zum Großen Belt erstreckte. Dieser Wald ist in vielen alten Dokumenten erwähnt, oft in unterschiedlichen Schreibweisen: »Clastskow, Klastskow, Klaskow, Klarskov«, und die älteste der Schreibweisen ist aus dem Wort »clast« gebildet, das »brechen« bedeutet, im Zusammenhang mit »aus anderen Gebirgsarten herangeführt«. Die Konstrukteure holten diese Steine zum Bau des Hafens von Trelleborg von anderen Orten herbei, vielleicht aus den Gebirgen Norwegens und Schwedens. Diese Steinmassen bildeten später die Grundlage für das Steinbrechen, das Jahrhunderte dauerte, so daß der kleine Rest von Klarskov draußen an der Küste des Großen Belts eigentlich »Steinbruchwald« heißen müßte, wenn der Name der ursprünglichen Bedeutung entsprechen soll.

Die kleine Landzunge oberhalb des großen Steinbruchs am Korsörhaff wurde in alten Tagen »Braeknaes« genannt, d. h. Landzunge, auf der man Steine brach. Auch die Geschichte der Stadt Korsör berichtet von dem Steinbruch. Er war so bedeutend, daß der König ihn für sich selbst beanspruchte, als er Teile des Landbesitzes der Kro-

Abb. 8: Der Pfosten von Stengaards Pforte stürzte, als sich der Große Belt in die Uferböschung hineinfraß.

ne an die Bürger übertrug, damit sie die Handelsstadt Korsör aufbauen konnten. Die Stadt erhielt ihre Privilegien als Handelsstadt von König Erich von Pommern, der als Korsörs erste Privilegien folgendes anführt: »*Wir übertragen Euch das Gebiet, das Klaskow heißt, vom Kirchhof bis einschließlich Stengordhs led* (Stengaards led, etwa: ›Weg zum Steinbruch‹) *am südlichen Strand.*« Später suchte man vergeblich nach Stengaards led in der Gegend zwischen dem Kirchhof von Korsör und dem kleinen Waldrest Klarskov am Großen Belt. Es war längst vergessen, wo die Straße nach Stengaard gelegen hatte, nämlich in dem Gebiet, das sich vom Kirchhof in Taarnborg bis zur Grenze der Felder Taarnholms erstreckte. Der südliche Strand, von dem in den Privilegien die Rede ist, war der Strand des Korsörhaffs von der Kirche von Taarnborg und ganz nach Süden bis nach Söhuse und Tinghuse. Stengaards led hat auf diese Weise seit langem seine Bedeutung verloren. Die Spuren des Weges dorthin auf den

Feldern kann man jedoch noch aus der Luft fotografieren. Auch der Stengaards led ist noch dort, gut versteckt im Gestrüpp vor dem Ende der Hecke, die die Grenze zwischen Taarnborg und Taarnholm bildet. Die Holzteile dieses alten Einganges zum Steinbruch sind weggefault, aber die Steinsetzungen am Ende der Hecke sind noch vorhanden. Sie stehen da wie einst, als der Steinbruch noch in Betrieb war, auch die Steinpfosten, die draußen am Abhang zum Meer waren, stehen noch. Sie sind nur umgestürzt, als das Meer sich in den Strand hineinfraß (Abb. 8).

In der Umgebung von Steinbruch und Hafen finden sich viele andere Spuren der Vorzeit. Auch eine kleine Ansiedlung gab es einst. Der Runenstein, der ursprünglich seinen Platz bei dem runden Wartturm hatte, wurde in das Nationalmuseum gebracht. Er befindet sich noch heute dort, und Experten arbeiteten daran, die Runeninschrift in ihrer Gesamtheit zu lesen. Das Ergebnis stellt sich so dar:

»Die Inschrift, die keine Grabschrift ist, entstand um das Jahr 1100. Die Formulierung ist einzigartig: Prettr Staalhaand fertigte den Stein über Jernbyrd (= Feuerprobe) — er war Isfars richtiger Sohn. Isfar ist anscheinend der alte Name von Taarnborg, benannt nach einem jetzt verschwundenen Fischerdorf.«[9]

Das genannte Fischerdorf, das heute verschwunden ist, wird noch ein weiteres Mal in der Geschichte erwähnt. Zwanzig Jahre, nachdem König Erich von Pommern den Steinbruch für sich selbst reserviert hatte, bestätigte ein neuer König die Privilegien der Bürger von Korsör. König Christoffer von Bayern stellte am 11. April 1445 ein Schreiben aus, in welchem es heißt:

»daß unsere lieben Bürger in Korsör als Acker, Wiese und zu anderem Nutzen besitzen, genießen und gebrauchen sollen, Bastuehouit und jeden anderen Besitz in Clastschouw, nach ihrem Bedarf und für ewige Zeiten, jedoch mit Ausnahme der Stelle im alten Klastschow, die Fiskerböde genannt wird.«[8]

Sowohl der große Steinbruch als auch das Fischerdorf Isfar blieben auf diese Weise verbotenes Land für den gewöhnlichen Bürger, und so ist es noch immer. Kein öffentlicher Weg führt dorthin, das ganze Gebiet ist weiterhin Privatbesitz, und für den Zutritt ist eine besondere Genehmigung erforderlich. Vielleicht gerade deshalb sind die Spuren der Vergangenheit so gut erhalten. Gut Taarnholm, das für die meisten bis zum heutigen Tag unbekanntes Gelände ist, befindet sich am Südstrand südlich der Kirche von Taarnborg und südlich des Hafens im Korsörhaff, mit einem vornehm in den Park zurückgezogenen Hauptgebäude. Und welch ein Park! Aus der Luft sehen wir, wie der Weg hin zum Gutspark verläuft. Wir folgen dem Weg, der bei der südlichsten Kaistraße beginnt und kurz danach auf die kleinen Wege trifft, die über den Abhang in Richtung Trelleborg verlaufen. Etwas weiter zeigt eine Senke am Abhang, wo der Weg nach Trelleborg die Küste verließ, um über den Königsweg und den Weideweg Trelleborg zu erreichen. Der Weg setzte sich weiter den Strand entlang fort. Über der flachen Strandwiese liegt er mehr als einen Meter über dem Wiesenniveau, und etwa 100 Meter vom Hafen entfernt teilt er sich fächerartig. Der südlichste Weg ging nach Badstuehovedet, dem jetzigen Korsör Süd, der nächste nach Söhuse und Tinghuse, der dritte Weg schwingt in einem eleganten Bogen vor das Hauptgebäude von Taarnholm, und der vierte Weg war derjenige, der vom Fischerdorf nach Trelleborg führte.

Im Knotenpunkt, dort, wo der Hafenweg sich teilt, befand sich das offensichtlich verschwundene Fischerdorf. Hier findet man noch die schönen Steineinfassungen, die das Straßennetz im Fischerdorf bildeten. Sie wurden angelegt, als im Steinbruch Steine im Überfluß vorhanden waren, und haben sich über die Zeiten und die wechselnden Gutsbesitzer, die sich über die Menge von Steineinfassungen im Gutspark sicherlich gewundert haben, erhalten.

In diesen Einfassungen gibt es Steine, die von der Hafenanlage im Haff geholt und zur Reparatur der Steineinfassungen verwendet wurden. Einer der Steine diente einmal der Vertäuung an der Hafenmole; nun ist er eine der Spuren aus der Vorzeit.

Ein zweiter Stein liegt ganz unauffällig am Wegrand und gibt die Richtung nach Trelleborg an. Der Stein trägt das gleiche Zeichen, das wir auch auf einem der Steine bei Trelleborgs Hafenmole fanden: einen Kreis mit einem Kreuz darin, diesmal ergänzt von einem Handzeichen, das den Weg nach Trelleborg weist (Abb. 9).

Wir folgen der Richtung, in die die Hand zeigt, und wenden uns damit zurück nach Trelleborg, um die weitere Entdeckungsreise zu planen. Wir wissen nun, daß die Erbauer von Trelleborg vor den ganz großen Projekten nicht zurückschreckten: eine 1000 Meter lange Hafenmole, eine 6 Kilometer lange Straße, eine breite und tragfähige Brücke über den Vaarby-Fluß und die phantastische und mystische Anlage von Trelleborg.

Das Ganze wirkt in seiner Planung großzügig. Sollte es sich bei näherer Untersuchung als noch umfassender erweisen?

Abb. 9: Ein einfacher Stein am Wegesrand, darauf ein Kreis mit einem Kreuz darin und das Zeichen einer Hand, die in Richtung Trelleborg weist.

Auf nordwestlichem Kurs —
ein Flug mit Überraschungen

Zurück bei den Wällen von Trelleborg überblicken wir erneut die Lage. Wir gingen von Bredsdorffs Formel »*Absicht + Voraussetzungen = Plan*« aus, und wir fanden heraus, daß die Voraussetzungen nicht ganz primitiv gewesen sein können. Um Trelleborg zu erbauen, holte man über das Meer Tausende von riesigen Baumstämmen heran und legte eine 1 Kilometer lange Hafenmole an, um die Baumstämme zu entladen. Daraus kann wohl geschlossen werden, daß eine entsprechende Hafenmole auch an der Ausschiffungsstelle angelegt worden sein mußte. Man legte eine Straße vom Hafen über das sumpfige Gelände bis zu tragfähigem Grund für den weiteren Straßenverlauf an, man baute eine Brücke, um die Baumstämme über den Vaarby-Fluß zu transportieren, und man erbaute die große geometrisch perfekte Anlage rings um die Wälle von Trelleborg.

Die Voraussetzungen müssen, außer einer sehr hochentwickelten Intelligenz, große Energiereserven zur freien Verfügung gewesen sein; entweder in Form Tausender Arbeiter in vielen verschiedenen Arbeitsgruppen: Waldarbeiter, Seemänner, Transportarbeiter, Handwerker, Vorarbeiter und Ingenieure; oder als hochentwickelte Technologie, zumindest auf der Höhe des Know-hows unserer Tage. Die Wikinger können es nicht gewesen sein — wer also war es, wer arbeitete nach einem so großzügigen Plan?

Etwas von der Planung kennen wir, das geometrische Muster der Fundamente von Trelleborg. Von oben gesehen sind es hauptsächlich zwei Figuren, die sich aufdrängen: Der Ring mit dem großen Kreuz darin, das Symbol, das als Wegweiser vom Hafen nach Trelleborg diente, und dann Trelleborgs seltsame Parabel,[124] die in Übereinstimmung mit den vier starken Pfeilern außerhalb des Ringwalles und den sogenannten Wachthäusern innerhalb des Ringwalles gleichsam die ganze Anlage nach Nordwest dreht. Das Bild auf dem Umschlag dieses Buches illustriert den richtungsbestimmten Aufbau der Anlage.

Mit unserem kleinen Flugzeug als Hilfsmittel sollte es möglich sein, herauszufinden, wohin die Parabel ausgerichtet ist. Die Wirkungsweise einer modernen Parabolantenne kennen wir am besten von den vielen Fernsehtürmen, die in den entsprechenden Abständen (festgelegt durch die Krümmung der Erdoberfläche) Radiowellen empfangen, sie verstärken und zur nächsten Station im System weitersenden. Ein Parabolspiegel sammelt Radiowellen in seinem Brennpunkt oder sendet sie umgekehrt auch gebündelt in einer geraden Linie aus. Das könnte auch die Funktion der Parabel von Trelleborg gewesen sein.

Wir gehen von einem Grasplatz in der Nähe Trelleborgs aus in die Luft und finden heraus, daß die Mittellinie der TrelleborgParabel in nordwestliche Richtung zeigt. Nach einigen Probeflügen finden wir heraus, daß ein Kurs von etwa 325° uns in die Richtung führt, die die Parabel anzeigt. Das Wetter ist herrlich, strahlende Sonne und ein blauer Himmel mit einzelnen Kumuluswolken hier und dort, das Meer ist spiegelblank, und eine leichte Brise beeinträchtigt Fahrt und Kurs nur gering.

Drei Minuten nach dem Start in Trelleborg überfliegen wir die Küste des Großen Belts bei der Bucht von Musholm und passieren kurz danach die Mitte der Halbinsel Reersö. Von oben sieht man, daß sie einmal vor Urzeiten eine selbständige Insel gewesen ist. Jetzt ist sie durch einen Damm mit Seeland verbunden.

Wir fliegen weiter über die Jammerlandbucht, das Meer ist ruhig und das Wasser so durchsichtig wie Glas. Wir schneiden mit dem festgesetzten Kurs die Halbinsel Asnaes und sehen auf dem Meeresboden von Asnaes nach Westen hin eine lange gerade Reihe von Steinen, nicht krumm, wie die Natur ein Riff hinterläßt, sondern kerzengerade wie der Schiffsliegeplatz im Haff von Korsör. Wir vermerken im Notizbuch, daß hier vielleicht ein Schiffsliegeplatz ist, der von denselben Baumeistern angelegt worden sein könnte, die den Trelleborghafen erbauten.[96] Als wir jetzt eine größere Meeresfläche vor uns erblicken, rufen wir über Funk Kopenhagen Information auf der Frequenz 127,30 und fordern Überwachung für den Flug über das Meer an. Information meldet sich sofort und weist uns squawk 2345 zu. So kann die Radarkontrolle in Kastrup uns beim Flug über das Wasser leicht verfolgen, wir werden angewiesen, das Verlassen von Seelands Küste über Rösnaes zu melden. Einige Minuten später ist es soweit.

Vor uns liegt der Samsö-Belt, und weit draußen sehen wir bereits Samsö, das wir 27 Minuten nach dem Start erreichen. Wir fliegen nun über den Stavnsfjord mit seinen vielen kleinen, schönen Inseln. Wir passieren Samsös Nordküste, und nach weiteren 20 Minuten über dem

Meer überfliegen wir den nördlichen Teil von Aarhus. Wir melden dem Flughafen Tirstrup, daß wir beabsichtigen, seine Kontrollzone in 2000 Fuß Höhe zu durchqueren, kurz danach befinden wir uns geradewegs westlich vom Randersfjord. Wir erkennen in der Ferne bereits den Fjord von Hobro, und als wir ihn erreichen, erleben wir die erste große Überraschung: Fyrkat, das mit seinem beeindruckenden geometrischen Muster analog zu Trelleborg angelegt ist, aber ohne dessen Parabel. Es liegt gerade vor uns, gerade auf der Mittellinie durch die Parabel von Trelleborg. Welch eine Überraschung! Wir schalten den Autopiloten ein, weil wir vor Aufregung in Schlangenlinien fliegen. Nun geht es wieder weiter mit der Flugzeugnase auf einem Kurs von 325°, während wir über das Phänomen nachdenken.

Wir haben unsere Überlegungen noch nicht abgeschlossen, als wir 28 Seemeilen und 20 Minuten später die nächste Überraschung antreffen: Aggersborg, die dritte »Trelleburg«, zeichnet sich mit seinem Ringwallbogen auf dem Feld direkt vor uns auf der Nordseite des Limfjordes ab — auf einer Linie mit Trelleborg und Fyrkat.

Wir beeilen uns, einen kleinen grasbewachsenen Flugplatz in der Nähe von Aggersborg zu finden, und erleben wieder einmal das schöne Gefühl, nach einem langen ereignisreichen Flug Erdboden unter den Füßen zu haben. Aggersborg, dessen geometrischer Grundriß sich von dem Fyrkats und Trelleborgs nur dadurch unterscheidet, daß es mehr Ellipsen innerhalb des Ringwalls gibt, ist nicht wie Fyrkat und Trelleborg mit Beton ausgegossen *(A. d. Ü.: und dadurch sichtbar)*, sondern befindet sich unter der Erdoberfläche. Das liegt daran, daß über dem Muster innerhalb des Ringwalls eine große Ansiedlung entstanden war. Daher beschlossen die Archäologen, die Ausgrabungen wieder zuzuschütten, so daß sowohl die

Reste der Ortschaft als auch die geometrische Anlage jetzt tief unter einem Getreidefeld liegen und auf genauere Erforschung zu einem späteren Zeitpunkt warten.

Wir wenden uns wieder dem »Plan« zu. Das Format hat sich bedeutend ausgeweitet, als wir feststellten, daß eine direkte Verbindung durch die Luftlinie vom Brennpunkt der Trelleborgparabel über Fyrkat bis Aggersborg besteht, über eine Strecke von mehr als 200 Kilometer, quer über See und Land. Es gab anscheinend keine Grenzen für den Horizont der Erbauer von Trelleborg.

Der Archäologe Poul Nörlund, der Trelleborg ausgrub, spekulierte über Trelleborgs Standort. Er schreibt:

»Wer Trelleborg besucht, muß sich über den abgelegenen Standort, fern von allen großen Verkehrslinien, wundern.«[2]

Wir haben jetzt herausgefunden, daß die Anlagen Trelleborg, Fyrkat und Aggersborg auf einer Linie liegen. Und nicht nur das, sie sind alle drei passend zur möglichen Peilrichtung der Parabel von Trelleborg angelegt.

Diese Anordnung wird dann sinnvoll, wenn gerade Trelleborg—Fyrkat—Aggersborg eine Verkehrslinie, eine Kommunikationslinie oder vielleicht eine Richtantenne irgendeiner Art gewesen ist.

Bei einer Fernsehantenne, wie wir sie auf den Hausdächern sehen, ist der Abstand zwischen den Querstäben der Antenne gleich, um mit der Wellenlänge übereinzustimmen. Vielleicht kommen wir mit diesem Prinzip weiter.

Wir nehmen wieder die Phantasie zu Hilfe. Falls die Anlagen Trelleborg, Fyrkat und Aggersborg eine Funktion gehabt haben, die in irgendeiner Weise derjenigen einer Antenne entspricht, ist es ja denkbar, daß der Abstand zwischen Fyrkat und Aggersborg mit dem Abstand zu einer neuen, unentdeckten »Trelleburg« übereinstimmt.

Wir ziehen auf der Landkarte einen Bleistiftstrich von Aggersborg nach Trelleborg und tragen den Abstand zwischen Fyrkat und Aggersborg auf der Linie in Richtung Trelleborg ab. Dabei kommen wir zu dem Ergebnis, daß, falls wir recht haben, eine weitere »Trelleburg« sich entweder 1. bei Aarhus und/oder 2. auf Samsö und/oder 3. auf Reersö befinden muß.

Wir müssen hinaus auf eine neue Entdeckungsreise, um die nächste Spur zu finden, eine Reise zurück in die Zeit vor etwa 1000 Jahren.

AGGERSBORG — JOMSBORG

Sieben Tagesreisen von Hamburg

Die historisch anscheinend unbekannte Ortschaft, deren Reste die Archäologen innerhalb des Ringwalles von Aggersborg fanden, war in der Vergangenheit ganz und gar nicht unbekannt. Es war auch kein Zufall, daß diese Stadt sich innerhalb des Ringwalles gebildet hatte. Sie entstand hier eben wegen des Bauwerkes mit dem geometrischen Grundriß. Die Stadt war die verschwundene, aber einstmals berühmte heidnische Hauptstadt Iumne oder Lumne. Wenn trotz noch so beharrlicher Nachforschungen niemals der Standort dieser Stadt gefunden wurde, so liegt dies sowohl an geographischen als auch an anderen Irrtümern.

Die handgeschriebenen Berichte der alten Historiker waren oft schwer zu entziffern, zum Beispiel waren die verschnörkelten großen Buchstaben I, J und L leicht zu verwechseln. Daher konnte das I in Iumne auch als das L in Lumne gelesen werden, und das L in Lumne als das J in Jumne. Oft wurden diese Ortsnamen sogar vorsätzlich entstellt, um die Lage der alten heidnischen Heiligtümer zu verschleiern.

Grundlage der heidnischen Stadt Lumne war das Bauwerk mit dem geometrischen Grundriß, das, wie wir herausfanden, Teil einer mächtigen Anlage war. Sie war so umfangreich und völlig unbegreiflich für die primitive Jägerbevölkerung der Vorzeit, daß sich um das Bauwerk eine ganz neue Religion entwickelte, die heidnische Lichtreligion. Um diese Religion und ihr Heiligtum — das geometrische Bauwerk — entstand dann die Ansiedlung innerhalb des Ringwalles von Aggersborg. Aber lassen Sie uns nun zuerst herausfinden, warum bis jetzt niemand die heidnische Hauptstadt Iumne/Jumne/Lumne/Lumneta hat finden können.

Früher maß man längere Entfernungen in Tagesreisen. Dieses Längenmaß und der Ortsname Oldenburg veranlaßte die Forscher, Iumne/Jumne/Lumne/Lumneta in der Gegend um Stettin in Pommern zu suchen. Man suchte in dieser Richtung, weil der Historiker Adam von Bremen berichtet hatte, daß die Entfernung von Hamburg zu dem heidnischen Heiligtum 7 Tagesreisen betrug, daß die Stadt slawisch war (was wie selbstverständlich als osteuropäisch aufgefaßt wurde) und daß die Reise über Oldenburg erfolgte. Man übersah jedoch, daß in früheren Jahrhunderten alle Bewohner, die nördlich der Elbe lebten, als Slawen angesehen wurden, auch die Bewohner von Dänemark, Norwegen und Schweden. Vielleicht erhielten sie die Bezeichnung Slawen, weil sie Sklaven der Erbauer von Trelleborg waren *[A. d. Ü.: (dän.) Slaver, (dt.) Slawe, aber auch Sklaven; (dän.) Traelle, (dt.) Sklaven]*.

Adam von Bremen machte vor 900 Jahren deutlich, daß die Nordländer damals Slawen genannt wurden. Er schreibt:

»Es gibt viele Slawenstämme. Die ersten nach Westen sind die Waräger, die Nachbarn der Nordalbingier sind, deren Hauptstadt Oldenburg am Meer liegt«[16] sowie: *»Die Slawen besitzen auch einige Inseln. Die erste davon ist Vendsyssel.«*[17]

Die Waräger und die Nordalbingier waren Bewohner des Gebietes zwischen Hamburg und Schleswig, in dieser Gegend muß auch das Oldenburg gesucht werden, von dem Adam von Bremen berichtete. Alle Einwohner bis nach Jütland wurden als Slawen bezeichnet, am längsten behielten diese Bezeichnung die Bewohner der am weitesten entfernten Orte Vendsyssel/Vendland/Vindland sowie die Bewohner von Samsö/Samps/Semland.

Über die weithin berühmte Stadt Iumne der Slawen schreibt Adam von Bremen:

»Man reist auf dem Landwege in 7 Tagen von Hamburg oder von der Elbe aus zur Stadt Iumne. Will man dagegen über das Meer fahren, muß man mit dem Schiff von Schleswig oder Oldenburg fahren, um Iumne zu erreichen.«[18]

Das heutige Oldenburg liegt, bezogen auf Hamburg, im Osten, nördlich von Lübeck und dicht an der Mecklenburger Bucht. Adam von Bremen nennt aber die Orte Schleswig und Oldenburg im Zusammenhang, weil es zur damaligen Zeit zwei Hafenorte waren, die einander gegenüberlagen, jeder auf seinem Ufer der Schlei. Das Oldenburg, das gegenüber von Schleswig liegt, ist heute unter anderem Namen bekannt, weil der Name dieses wichtigen heidnischen Ortes bei der Einführung des Christentums in dieser Gegend geändert wurde. Die Stätte heißt jetzt Haithabu oder Hedeby, aber noch 1879 war ihr Name Oldenburg, wie aus dem ersten Meßtischblatt hervorgeht, das im Landesarchiv in Schleswig aufbewahrt wird[42] (Abb. 10).

Dieses Oldenburg, das später Haithabu hieß, erhielt seinen Namen von einer noch älteren Siedlung, von der es etwa 500 Meter weiter nördlich auf einem Hügel im Wald oberhalb von Schleswigs Altstadt immer noch Spu-

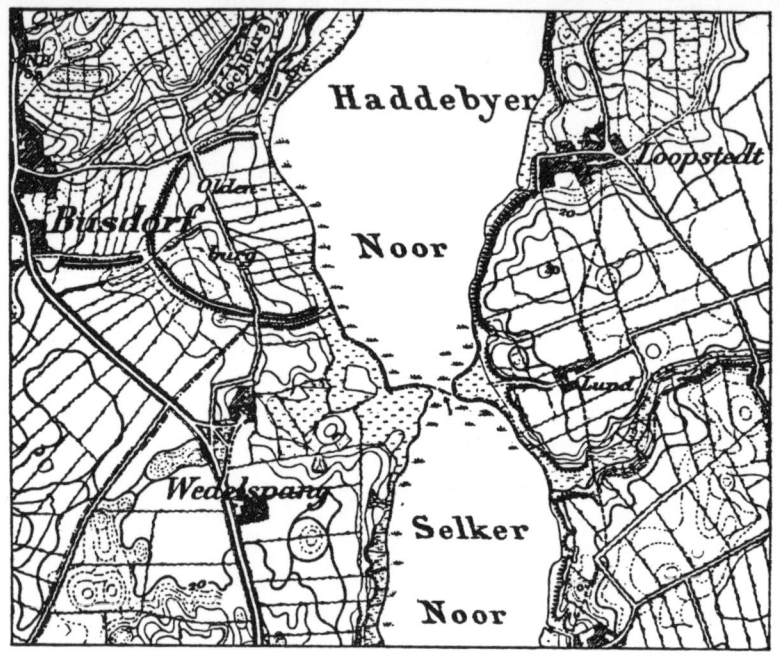

Abb. 10: Oldenburg bei Schleswig, später Haithabu und Hedeby.

ren gibt. Der Weg von diesem ältesten Oldenburg führt direkt hinunter zur alten Überfahrtsstelle hinter dem historischen Krug von Haddeby. Es ist die Überfahrtsstelle, auf die Adam von Bremen hinwies, als er beschrieb, wie man mit dem Schiff von Oldenburg oder Schleswig über das Meer nach Iumne gelangen konnte.

Von Hamburg aus in nördliche Richtung, sieben Tagesreisen via Oldenburg und Schleswig und den alten Ochsenweg entlang nordwärts kommen wir nach Vendsyssel, der Umgebung der »weitberühmten Stadt Lumne«, die Adam von Bremen folgendermaßen beschreibt:

»Dort ist das Meer in dreierlei Erscheinungsformen zu sehen: Denn die Insel wird von drei Meeresarmen bespült,

von denen der eine von ganz grünem, der zweite von etwas weißlichem Aussehen sein soll, während der dritte der fortwährenden Stürme wegen in rasender Fahrt brodelt.«[18]

Eine perfekte Beschreibung der Gewässer um Vendsyssel. Dänemark war damals ganz bewaldet und der Grund des Limfjordes genau wie heute von Grünalgen bedeckt, so daß der Limfjord ebenso grün aussah wie der Amazonas in Brasilien. Das Kattegat hat auch heute noch oft ein weißliches Aussehen mit seinen weißen Schaumkronen im berühmten Skagenlicht, und daß die Nordsee bei Sturm in rasender Fahrt brodelt, ist allgemein bekannt.

Sieben Tagesreisen von Hamburg, also in gleicher Entfernung wie Stettin, nur in einer etwas nördlicheren Richtung, lag an der Küste des Limfjordes einstmals die weitberühmte heidnische Hauptstadt, von der so viele Geschichtsschreiber der Antike berichtet haben. Eine Stadt, die in einem Ringwall um ein heidnisches Heiligtum herum entstand, ein Ort mit vielen Namen, Iumne/Jumne/Lumne/Lumneta, der aber nun, nachdem sowohl das Heiligtum als auch die Stadt vergessen sind, den Namen Aggersborg trägt.

Am Südufer des Limfjordes, Aggersborg gegenüber, findet man auf den sehr hohen Abhängen Spuren der Wege, die herunter zur Übergangsstelle zu der heidnischen Hauptstadt führten, und es gibt Spuren des Hohlweges, durch den man mußte, wenn man von der Südseite kam. Dort befindet sich auch eine ganze Reihe südlich des Hohlweges in den Abhang eingegrabener Terrassen. Entweder wurde hier für die Einwohner von Lumneta Wein angebaut, oder man saß in Reih und Glied wie in einem Freilufttheater, um das Schauspiel Lumneta auf der gegenüberliegenden Seite des Fjordes anzusehen.

Der Übergang ist jetzt vergessen, durch die Ausbaggerung des Limfjordes für die moderne Schiffahrt wurde jeder Versuch unmöglich gemacht, zu Fuß über die Furt zu gelangen. Aber es ist gar nicht so lange her, daß das noch möglich war. Während des Dreijahreskrieges 1848, als die Schleswig-Holsteiner nach Jütland einzumarschieren drohten, nahm die Stadt Lögstör am 22. Mai 1849 ein Schreiben des Kreisamts Viborg entgegen, in dem die unverzügliche Beantwortung folgender Fragen erbeten wurde:

»Gibt es irgendwo in der Nähe von Lögstör eine Stelle, an der man mit Wagen über den Limfjord fahren oder ein Mann zu Pferd über selbigen herüberreiten kann? Termingemäße Angabe wird erbeten. Wie breit in Ellen ist die Rinne (Hohlweg), *durch die man gewöhnlich zu dem kleinen Fährhafen etwas östlich von Lögstör fährt und nach Aggersborg übersetzt?«*

Die Befürchtung des Kreisamtes, daß der Feind mit Soldaten und Fahrzeugen den Limfjord passieren könnte, war nicht unbegründet. Um 1850 konnte man bei östlichen Winden quer durch den Fjord waten, ohne schwimmen zu müssen.[43]

Quer über die kleine Insel Borreholm vor Aggersborg verlaufen immer noch Wagenspuren, die vom Verkehr der Vergangenheit erhalten geblieben sind, und auf dem Grunde des Fjordes zwischen Borreholm und Aggersborg kann man aus der Luft deutlich die Reste der zwei Dämme sehen, die die Insel mit Aggersborg verbanden. Ein Damm führt geradewegs in das jetzige Gut Aggersborg, der zweite, wenige hundert Meter östlich, ging westlich um das kleine kreisrunde Waldstück herum, das sich zwischen der Uferkante und dem Ringwall von Aggersborg befindet. Denkt man sich aber beide Dämme geradlinig verlängert, trifft man direkt auf das Südtor im Ringwall von Aggersborg.

Die Ansiedlung Lumneta im Ringwall von Aggersborg erlitt ein trauriges Schicksal. Während der Religionskriege zwischen Heiden und Christen wurde sie vollständig ausgerottet. Die Bürger wurden umgebracht oder zwangsweise umgesiedelt. König Magnus führte diese Zerstörungen im Namen des Christentums durch:

»König Magnus belagerte an der Spitze einer großen dänischen Flotte die sehr reiche Stadt Iumne bei den Slawen, was deren Zerstörung zur Folge hatte. Magnus schüchterte alle Slawen ein. Er war ein frommer junger Mann, der ein rechtschaffenes Leben führte, daher führte Gott ihm in allem zum Sieg.«[21]

Es wurde nicht nur die Stadt zerstört, sondern es wurden, wie es üblich war, Einteilungen und Namen geändert, um die Erinnerung an die alte Religion zu verschleiern. Die Gegend um den Limfjord nannte man Herrens Ager (Acker des Herrn), der Fjord kam zu dem Namen Agersund, der später wiederum in Aggersund geändert wurde. Der Ringwall bei Aggersborg blieb einfach namenlos. Erst als er viele hundert Jahre später wieder entdeckt wurde, erhielt er den Namen Aggersborg, doch das war lange nach dem Krieg zwischen Christen und Heiden.

Durch die Zerstörung Lumnetas wurde eine ganze Kultur ausgelöscht. Hört, was der dänische König Svend Estridson Adam von Bremen über die Stadt Iumne berichtet hatte:

An der Mündung eines Flusses, der die skythischen Sümpfe bespült, bietet die weitberühmte Stadt Iumne den Barbaren und Griechen, die ringsherum wohnen, einen wohlgeschützten Ankerplatz. Da zum Ruhme dieser Stadt so viele und fast unglaubliche Dinge berichtet werden, denke ich, daß es unterhaltsam sein könnte, bloß einige nennenswerte Züge einzuflechten. Es ist bestimmt die größte von allen Städten in Europa, und sie wird bewohnt von Slawen und anderen Leuten — Griechen und Barbaren. So haben sogar zugereiste Sachsen die Erlaubnis erhalten, dort unter den gleichen Bedingungen zu wohnen, sofern sie ihr Christentum nicht öffentlich zeigten, solange sie sich dort aufhielten. Sie alle sind noch in den Irrlehren des Heidentums befangen, aber hinsichtlich Charakter und Gastlichkeit kann man keine Menschen finden, die rechtschaffener oder entgegenkommender sind. Die Stadt ist reich an Waren aus den nordischen Ländern und verfügt über alles, was angenehm oder selten ist. — Es gibt dort den Vulkankessel, den die Einwohner das griechische Feuer nennen, wovon auch Solinus berichtet.[18]

Solinus, ein römischer Schriftsteller aus dem dritten Jahrhundert vor unserer Zeitrechnung, erzählt, daß es in Iumne »*Olla Vulcani*« gibt. *Olla* heißt Topf oder Kessel und *Vulcani* bedeutet des Feuers.

Zu einem weit späteren Zeitpunkt berichtet auch ein anderer antiker Geschichtsschreiber von Iumne. Helmoldus in der Originalsprache:

»*In cuius Ostio, qua Balthicum alluit pelagus, quondam fuit nobilissima civitas Iumneta, prestans celeberrimam stationem Barbaris et Grecis, qui sunt in circuitu... Fuit sane maxima omnium quas Europa claudit civitatum... Omnes enim usque ad excidium eiusdem urbis paganicis ritibus oberrarunt... Hanc civitatum opulentissimam quidam Danorum Rex, maxima classe stipatus, funditus evertisse re-*

fertur. — Presto sunt adhuc antique illius civitatis monumenta...«[41, 59]

»An der Mündung, an der die Ostsee ins offene Meer fließt, lag einstmals Iumneta, die berühmteste Stadt. Sie war vielbesuchter Aufenthaltsort von Barbaren (Nichtrömern) und Griechen, die im Umkreis wohnten... In der Tat kamen sie aus allen Städten Europas... Nach der Zerstörung der Stadt der heidnischen Bräuche irrten alle umher... Diese mächtige Stadt wurde von einem gewissen König der Dänen mit großer Flotte von Grund auf zerstört. — Erhalten sind noch immer Ruinen (Monumente) jener alten Stadt...«

Wie kann dieses eindrucksvolle Monument ausgesehen haben? Den Grundriß kennen wir, er ist sowohl in Aggersborg als auch in Fyrkat und Trelleborg der gleiche: eine Anzahl aus Ellipsen geformter Quadrate in einem schönen geometrischen Muster. Das Bauwerk, das einstmals nach diesem Grundriß errichtet worden war, gab Iumne/Lumne — was Licht bedeutet — und Iumneta/Lumneta — Lichtstadt — den Namen.

Auf der ältesten Karte Dänemarks, die 1585 von König Frederik II. ausgearbeitet wurde, wird der alte Ortsname noch verwendet. Eine Stelle außerhalb von Aggersborg wird auf der Karte als »Luxsted« bezeichnet, das bedeutet »Lichtstätte«. Auf derselben alten Landkarte kann man lesen, daß die Gegend nördlich von Lumneta/Aggersborg damals die lateinische Bezeichnung »Penin« hatte, die leicht mit dem Stadtnamen Demmin bei Stettin verwechselt werden könnte. Sicher eine Verwechslung, die dazu beitrug, daß Lumnetas Lage bis auf den heutigen Tag unbekannt blieb, weil Adam von Bremen berichtet, daß man in kurzer Zeit von Iumne nach Demmin (Penin) rudern könne.[38]

Durch Nachforschungen in den Büchern der alten Historiker, durch Studium der ältesten Landkarten und durch Detektivarbeit im Landesarchiv im Schloß Gottorp bei Schleswig haben wir herausgefunden, daß die Stadt, die innerhalb des Ringwalles von Aggersborg entstanden war — auf dem geometrischen Muster, das auch von Fyrkat und Trelleborg her bekannt ist —, die Stadt Lumneta war. Wir wissen, daß das Bauwerk, um das herum die Stadt Lumneta entstand, als ein wichtiges heidnisches Heiligtum angesehen wurde, das so stark leuchtete, daß der Name Luxsted/Lichtstätte noch 1300 Jahre nach dem Bericht des römischen Schriftstellers Solinus über Olla Vulcani, das Heiligtum in Lumneta, in Gebrauch war.

Wenn Solinus, der im dritten Jahrhundert unserer Zeitrechnung lebte, vom Vorhandensein dieses leuchtenden Monumentes innerhalb des Ringwalles berichten konnte, so können es nicht die Wikinger gewesen sein, die Aggersborg erbauten. Die Wikinger erlebten ihre Blütezeit im achten Jahrhundert, so daß Aggersborg, Fyrkat und Trelleborg lange Zeit vor den Wikingern errichtet worden sein müssen.

Der Ortsname Iumne wurde von einigen Forschern als Jumne gelesen, und andere Forscher meinten, daß Jumne identisch war mit dem Jomsborg der Wikinger, von dem in den isländischen Sagas erzählt wird. Obgleich Jumne nach allen Aussagen eine phantastische, mächtige Stadt war, entspricht ihre Umgebung am Limfjord doch kaum den Beschreibungen der Wikingerburg Jomsborg in der Jomswikinger-Saga. Sie passen auf einen anderen Ort, den wir auf dem Flug zwischen Trelleborg und Aggersborg passierten, kaum zwei frühere Tagesreisen südöstlich des Ringwalls von Aggersborg auf Samsö, mitten im Kattegat. Hier errichteten die Wikinger ihre Jomsburg, die in jeder Hinsicht vom geometrisch perfekten Trelleborg abwich.

Wir fliegen in Richtung Südost zurück, um uns näher anzusehen, wie die Wikinger Häfen bauten, und erst danach suchen wir weiter nach Spuren von Trelleborgs Erbauern.

Von Jomsborg nach Samsborg *

Harald war König von Schweden geworden, oder zumindest beinahe; er saß in Schonen, regierte Schonen, Halland und Blekinge, und alles lief ganz ausgezeichnet. Alle seine Gefolgsleute in Dänemark waren brave und tüchtige Menschen, von denen jeder einzelne sein kleines Königreich verwaltete. So hatte König Harald keine besonderen Probleme, und er war gleich Feuer und Flamme, als ihm eine Einladung des Großbauern Palnatoke auf Fünen eine Möglichkeit bot, ein bißchen von zu Hause wegzukommen. Die Reise verlief sehr gut, nur die Landung auf Fünen wurde wegen eines schweren Unwetters mit Wolkenbruch und Donner eine etwas feuchte Angelegenheit. So quartierte sich König Harald, wie es des Königs Recht war, mit seinem ganzen Gefolge bei dem nächsterreichbaren Kleinbauern ein, um dort bis zum

---

* frei nach der Jomswikinger-Saga[44]

nächsten Tag mit der Weiterreise zum Gästehaus von Palnatoke zu warten.

Der Bauer, bei dem er sich einquartierte, war stolz über den vornehmen Besuch. Er richtete schnell alles her, auf daß des Königs Mannen einen guten Abend und eine gute Nacht verbringen könnten. Der Bauer hatte eine junge, schöne Tochter namens Aase. Sie wurde Näh-Aase genannt, weil sie so geschickt mit Nadel und Faden umgehen konnte, nicht zuletzt, wenn sie Festkleidung für sich selbst anfertigte. Als sie mit Geflügelrupfen und Braten von Schweinerippchen für die Gäste fertig war, schlüpfte sie erst in den Waschzuber in der Speisekammer und danach in ihre schönsten Kleider, um die Gäste zu bedienen.

Näh-Aase war ein flottes Mädchen, ein Raunen ging durch die Versammlung, als sie mit dem großen Faß gesalzener Heringe hereinkam. Am stärksten von allen war König Harald hingerissen, der Näh-Aase gleich mit Schmeicheleien und schönen Worten überschüttete. Näh-Aases Vater Attle war stolz wie ein Papst über die vornehmen Gäste und seine schöne Tochter, und es wurden viele Schalen Met auf König, Tochter und Bauer geleert. Näh-Aases Vater wurde ganz schwindelig von den schönen Worten und dem Met, und so zog er sich kurz nach Mitternacht in seine mollige Schlafnische zurück.

König Harald war unterdessen in Hochstimmung, und Näh-Aase hatte niemals zuvor oder später in ihrem Leben schönere Worte gehört als die, mit denen der König sie überschüttete. Ehe der Morgen graute, war Näh-Aase dem König zu Willen gewesen. Das brachte, wie sich später erweisen sollte, enorme Konsequenzen nicht nur für Näh-Aase und König Harald, sondern auch für England, Schottland und Irland.

Am nächsten Tag zog König Harald weiter zum Fest

bei Palnatoke und vergaß Näh-Aase; aber 9 Monate später gebar sie einen strammen Jungen, der den Namen Svend erhielt und sich bald als so schön wie die Mutter und so klug wie der Vater erwies.

Als ihr Vater bald darauf vergreiste, nahm Palnatoke Näh-Aase und ihren Sohn zu sich. Er zog Svend zusammen mit seinem eigenen Sohn Aage auf, der aus seiner Ehe mit der Engländerin Olöf stammte, der Tochter des britischen Herzogs Earl Stephner, der damals über ganz Südwest-England herrschte.

Palnatoke freute sich über den Knaben, den er Svend Haraldson nannte, wie über seinen eigenen Sohn Aage. Wenn er mit König Harald zum Ting zusammentraf, versäumte er nie, ihm von dem Königssohn auf Fünen zu erzählen. Das irritierte König Harald so sehr, daß die Freundschaft zwischen den beiden Männern zerbrach.

Als Svend Haraldson 15 Jahre alt wurde, schlug sein Stiefvater Palnatoke vor, daß Svend zu seinem Vater nach Schonen reisen und Anspruch auf sein Erbe als Königssohn erheben sollte. Nach einer Unterredung zwischen Vater und Sohn, in der viele harte Worte fielen, bot der König seinem Sohn eine Anzahl von Schiffen mit Mannschaft an; im Gegenzug sollte er sich fortmachen und nie wieder beim König sehen lassen. Svend bekam von seinem Stiefvater Palnatoke noch einmal so viele Schiffe mit Mannschaft, und mit dieser Flotte ging Svend auf Seeräuberfahrt in König Haralds Reich. Das brachte dem König eine Unzahl von Klagen ein.

König Harald sah bald ein, daß Svend, falls man ihm nicht auf die eine oder andere Weise Einhalt gebieten konnte, ein gefährlicher Gegner werden würde.

Es machte die Sache nicht einfacher, daß Svends Stiefvater immer mehr Anhänger gewann und daß Palnatoke und Svend kaum Bedenken haben würden, den König zu stürzen. Harald rüstete deshalb 50 Langschiffe mit Mannschaft aus und stach selbst an der Spitze dieser Flotte in See, um Svend und seine ganze Besatzung zu vernichten.

Eines späten Abends im Herbst trafen die beiden Flotten draußen vor Holm zusammen. Sie hatten einander in Sicht, aber zum Kampf kam es erst am folgenden Tag. Als die Nacht hereinbrach, waren 10 von Haralds Schiffen und 12 von Svends Schiffen aus dem Weg geräumt. Svend zog sich mit seiner Flotte in den Stavnsfjord bei Samsö zurück, aber der König ließ seine Schiffe quer vor der Einfahrt, von Havnehage bis Lilleöre, zusammenbinden. Svend saß auf diese Weise in einer Falle; er war in der Bucht eingesperrt.

Am gleichen Abend kehrte Svends Stiefvater Palnatoke von einem Besuch in England zurück und legte hinter der Landzunge bei Kongsör Hage mit 24 Schiffen in der Bucht von Nordby bei Samsö an. Er ging allein an Land, um die örtlichen Verhältnisse zu erkunden. Dabei bemerkte er ein Feuer am Waldesrand an einer Stelle, die später den Namen Skodshöj (Schußhügel) erhielt.

Rings um das Feuer lagerten König Harald und sein Gefolge. Sie waren an Land gegangen, um den Angriff des kommenden Tages zu beraten. Palnatoke, der versteckt am Hang über der Feuerstelle lag, hörte, daß man am nächsten Tag Svend angreifen wolle, um Mannschaft und Schiffe zu zerstören. Er faßte einen drastischen Entschluß, legte einen Pfeil auf seinen Bogen und erschoß König Harald. In der Verwirrung entkam er, und König Haralds Männer einigten sich darauf zu erzählen, daß der König im Kampf gefallen war und nicht aus dem Hinterhalt ermordet worden war.

Palnatoke eilte quer über die Landzunge und suchte Svend auf, um ihm zu erzählen, was ihn am nächsten

Morgen erwartete, und gemeinsam beschlossen sie, noch in derselben Nacht einen Ausfall zu machen. Sie banden die Schiffsanker oben am Steven fest und ruderten im Schutz der Dunkelheit mit voller Kraft hinaus gegen die Kette der Schiffe, die die Einfahrt sperrte. Drei Schiffe des Königs havarierten und sanken, und Svend und Palnatoke konnten mit allen Schiffen durchbrechen, um sich kurz danach Palnatokes Flotte nördlich der Landzunge anzuschließen.

Als der Morgen graute, schickten sie einen Unterhändler an Bord der Schiffe des Königs. Sie sagten, daß sie wüßten, daß der König tot sei, und Svend stelle ihnen ein Ultimatum: Entweder die Truppen des Königs kämpften gegen Svend und Palnatoke bis zum letzten Mann oder schlossen sich Svend an und erkannten ihn als König an. Vernünftigerweise wählte man den letzteren Vorschlag, Svend faßte die Flotten zusammen, und mit ihnen ließ er sich überall im Reich herumfahren und zum König ausrufen.

Erst 3 Jahre später erfuhr König Svend, daß sein Vater von Palnatoke aus dem Hinterhalt ermordet worden war. Darüber wurde er sehr zornig, und die beiden Männer schieden in Unfrieden.

Palnatokes Schwiegervater, der englische Earl Stephner, war inzwischen gestorben, und Palnatoke und seine Frau Olöf erbten seine Besitzungen in Wales und Südengland. Palnatoke zog dorthin, um sein Reich zu übernehmen. Im nächsten Sommer starb Palnatokes Frau. Es hielt ihn nun nicht mehr länger in England, und er setzte den Engländer Björn den Briten ein, um sein Reich zu verwalten.

Er selbst ging mit dreißig Schiffen auf Wikingerfahrt und verheerte zwölf Jahre lang Schottland und Irland. Im Laufe der Jahre hatte er seine Flotte auf insgesamt 40

Schiffe vergrößert, und eines Sommers machte er sich nach Vendsyssel/Vindland/Vendland auf, um dort zu wüten. Die beiden dänischen Landschaften Vendsyssel und Semland/Samps/Samsö wurden von Boris oder König Burislaw, wie er sich zu nennen beliebte, regiert.

Als König Burislaw hörte, daß Palnatoke im Anmarsch war, sandte er Palnatoke eilig einen Boten mit einer Einladung zu einem Fest entgegen. Er erklärte, daß er Verhandlung und Frieden wünsche, und machte Palnatoke das Angebot, sich in seinem Land, das Samps[38] genannt wurde, niederzulassen. Dafür sollte sich Palnatoke verpflichten, König Burislaws Ländereien zu verteidigen.

Palnatoke und alle seine Männer nahmen das Angebot an. Sie legten eine Seeburg an, in der sie Hafenanlagen für eine große Zahl Langschiffe und kleine Boote bauten. Sie legten Verteidigungsschanzen an und richteten auf allen umliegenden Höhen Ausguckposten ein, die gegen Überfälle sichern sollten. Nur wenige kannten die Umgebung besser als Palnatoke, der vor sehr langer Zeit Svend aus einer schweren Klemme befreit hatte, als König Harald ihn im Stavnsfjord eingeschlossen hatte. Um zu vermeiden, daß sich so etwas wiederholte, ließ er einen breiten und tiefen Kanal quer über das schmalste Landstück zum Meer an Samsös Westseite graben.

Quer über die Einfahrt zu diesem Kanal wurde ein großes Steingewölbe mit Eisentor errichtet, das von innen verschlossen werden konnte. Über dem Steingewölbe wurde eine Verteidigungsstellung mit Schießscharten und mit Steinschleudern angelegt, damit man unerwünschte Gäste abwehren konnte.

Auf der entgegengesetzten Seite der Bucht wurde eine große Anzahl von bemannten Schiffen stationiert, die zu jeder Zeit imstande waren, eine vollständige Sperrung der Einfahrt zum Fjord vorzunehmen. Außerdem wurden im Fjord Docks eingerichtet, wo eine große Anzahl von Schiffen während einer Reparatur oder zum Absegeln bereitliegen konnten.

An der Stelle auf Lilleöre, an der Palnatoke viele Jahre zuvor König Harald niedergeschossen hatte, wurde zur Erinnerung an die Ereignisse am Schußhügel ein großer Stein aufgestellt.

Danach formulierte Palnatoke die Bestimmungen, die für die Wasserburg gelten sollten. Niemand, der älter als 50 Jahre oder jünger als 18 Jahre war, konnte in die Wikingergemeinschaft der Seeburg aufgenommen werden. Keiner durfte Angst zeigen, ungeachtet, welche Aufgabe ihm übertragen wurde. Alle sollten bereit sein, einander zu rächen, auch unter Einsatz des eigenen Lebens. Alle Neuigkeiten und Gerüchte mußten sofort direkt an Palnatoke gemeldet werden und durften niemand anderem erzählt werden. Niemand durfte mehr als drei Tage abwesend sein, und keine Frau durfte in der Burg wohnen. Alle Beute von den Raubzügen sollte zum Versammlungsmast getragen und gleichmäßig zwischen allen geteilt werden, und es durfte weder auf Stellung noch Freunde oder Familie besondere Rücksicht genommen werden. Brach jemand diese Regeln, so sollte er sofort ausgestoßen werden, ungeachtet dessen, ob er gewöhnlicher Krieger oder Offizier war.

Jeden Sommer ging es auf Wikingerfahrt. Sie waren vortreffliche Krieger, und niemand war ihnen ebenbürtig. Ganz Europa litt unter ihnen. Sie verwüsteten und plünderten in Norwegen, Island, auf den Shetlands und Orkneys, in Irland, Schottland und England, und solange Palnatoke lebte, waren sie überall wegen ihrer Organisation und Kampfkraft gefürchtet. Als Palnatoke starb, ließ die Disziplin nach, die Gesetze wurden nicht mehr befolgt, und die Gemeinschaft fiel nach und nach auseinander.

Heute findet man nicht mehr den rauhen Geist der Wikingerzeit bei den freundlichen und umgänglichen Bewohnern von Samsö. Nur Spuren sind noch von der Seeburg vorhanden, die man Jomsborg nannte, die aber richtig den Namen Samsborg tragen müßte.

Die Seeburg Samsborg

Palnatoke war eine ungewöhnliche Persönlichkeit, ein sprachkundiger, weitgereister, initiativenreicher Taktiker, der richtige Mann, um ein — wie auch immer geartetes — Unternehmen von Format zu leiten. Sowohl zu Hause als auch im Ausland hatte er mit Königen und Fürsten Umgang, niemand war ihm gleich. Verheiratet mit der Tochter eines englischen Grafen war die englische Sprache kein Problem für Palnatoke. Die wechselseitigen Beziehungen der Länder, ihre geographische Aufteilung und Lage waren für ihn einfach und überschaubar. Kein Wunder, daß dieser Führer mit seinen Wikingern England, Irland und Schottland so stark prägte, daß in diesen Ländern dänische Wörter und Namen immer noch in Gebrauch sind.

Nach dem Tode seiner Frau erbte er große Besitzungen in Wales und Südengland. Er startete seine Wikingerfahrten in den ersten 12 Jahren von England aus nordwärts. Und mit welch einer Besatzung an Bord! Eine Hälfte seiner Leute waren Dänen, die andere Hälfte Engländer. So war auch die Zusammensetzung der Mannschaft, als König Burislaw von Vendsyssel und Samsö ihm die Aufgabe übertrug, auf Samsö eine Flottenbasis einzurichten. Die Tatsache, daß die Besatzung aus Engländern und Dänen bestand, wirft die Frage auf, ob nicht die Ehre für die Taten der Wikinger zu gleichen Teilen Engländern und Dänen gebührt — oder die Schande, falls man mehr Gewicht auf den Ruf der Wikinger als Seeräuber legt. Vielleicht machte es aber gerade diese Auswahl an Talenten aus beiden Ländern möglich, die imponierende Hafenanlage zu planen, zu bauen und zu benutzen, die die Seeburg Samsborg darstellt.

Die Wikinger gingen nur während der Sommermonate auf Fahrt. Aber Palnatoke wußte die Moral auch in den langen Wintermonaten aufrechtzuerhalten, indem er die zahlreichen Besatzungsmitglieder auf vielerlei verschiedene Arten beschäftigte.

Wichtige Arbeiten waren Neubau und Instandhaltung der Langschiffe und der kleinen Boote, Reparatur und Herstellung von Waffen und Gerätschaften und Verpflegung und Training der großen Mannschaft. Ebenso wichtig war es, die Seeburg ständig auszubauen. Dazu waren viele Leute der Flotte abkommandiert. Es gab rings um den Hafen viele Ausguck- und Signalposten. So konnten fremde Schiffe und Flotten rechtzeitig gemeldet werden, die wachthabenden Einheiten konnten an Bord gehen, um die Fremden auf offener See zu treffen. Auch konnten die Laufschanzen entlang der niedriger liegenden Strandteile mit Männern besetzt werden, so daß ein Angriff auf die Seeburg von vornherein nur wenig Aussicht auf Erfolg hatte.

Ihr Umfang war beeindruckend: ein Hafen und eine Verteidigungsanlage mit Platz und allen Einrichtungen für 300 Langschiffe oder kleinere Boote und eine entsprechend große Anzahl von Wikingern. Um die Anlagenteile zu überschauen, von denen noch immer Spuren vorhanden sind, muß man die Karte des Stavnsfjord auf Samsö benutzen. Kommen Sie mit auf einen Rundflug! Zuerst die Außenwerke, danach die Hafenbecken, wo die Schiffe kampfbereit lagen, vorbei an den Schiffswerften der Wikinger und zuletzt zur imponierenden Einfahrt zur Seeburg an der Einmündung des Kanhavekanals in die Saelvigbucht. Die Zahlen beziehen sich auf die Karte und die Photographien (Abb. 11).

Im äußersten Westen auf den höchsten Hügeln an der Einfahrt in die Saelvigbucht, auf dem Höjklint im Norden und auf dem Ringebjerg (Läuteberg) im Süden befanden sich Ausguckposten mit Glockentürmen, um Alarm zu schlagen, wenn sich fremde Schiffe näherten. Die großen Glocken waren in Holzkonstruktionen aufgehängt, die in den hochgelegenen Hünengräbern fußten, ohne sonderliche Rücksicht darauf zu nehmen, daß diese Grabstellen bereits damals vorzeitliche Gedenkstätten waren. Die Pfostenlöcher sind noch vorhanden, ausgefüllt mit Strandsteinen, die von der Küste heraufgeschafft wurden, um die Glockengerüste bei Sturm abzustützen. Von diesen zwei Vorposten aus konnte man die umliegenden Inseln und die jütländische Küste sehen, und Stunden bevor Schiffe die Einfahrt am Kanhavekanal erreichten, konnte man durch Glockenläuten Signale an den Glocken- und Alarmturm senden, der unmittelbar südlich der Einfahrt errichtet worden war (Abb. 11-001-002-003).

In der Saelvigbucht befanden sich die Ausguckposten Lille Vorbjerg und Store Vorbjerg, mit Laufschanzen auf beiden Seiten, zum Schutz der flachen Strandwiese am Innenrand der Bucht.

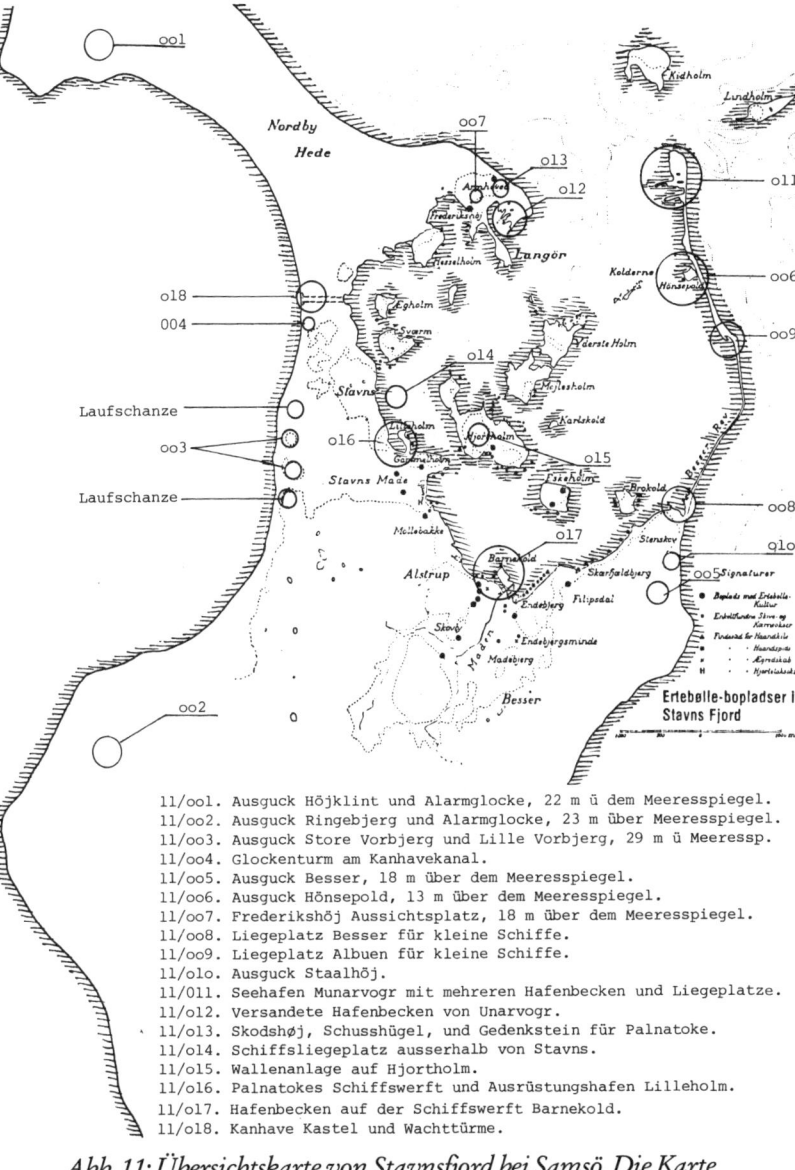

11/o01. Ausguck Höjklint und Alarmglocke, 22 m ü dem Meeresspiegel.
11/o02. Ausguck Ringebjerg und Alarmglocke, 23 m über Meeresspiegel.
11/o03. Ausguck Store Vorbjerg und Lille Vorbjerg, 29 m ü Meeressp.
11/o04. Glockenturm am Kanhavekanal.
11/o05. Ausguck Besser, 18 m über dem Meeresspiegel.
11/o06. Ausguck Hönsepold, 13 m über dem Meeresspiegel.
11/o07. Frederikshöj Aussichtsplatz, 18 m über dem Meeresspiegel.
11/o08. Liegeplatz Besser für kleine Schiffe.
11/o09. Liegeplatz Albuen für kleine Schiffe.
11/o10. Ausguck Staalhöj.
11/o11. Seehafen Munarvogr mit mehreren Hafenbecken und Liegeplatze.
11/o12. Versandete Hafenbecken von Unarvogr.
11/o13. Skodshöj, Schusshügel, und Gedenkstein für Palnatoke.
11/o14. Schiffsliegeplatz ausserhalb von Stavns.
11/o15. Wallenanlage auf Hjortholm.
11/o16. Palnatokes Schiffswerft und Ausrüstungshafen Lilleholm.
11/o17. Hafenbecken auf der Schiffswerft Barnekold.
11/o18. Kanhave Kastel und Wachttürme.

Abb. 11: Übersichtskarte von Stavnsfjord bei Samsö. Die Karte wurde dem Buch »Der ligger en ö — Samsö« (»Da liegt eine Insel — Samsö«) von John Roth Andersen entnommen.[115] Die Hinweisnummern stammen vom Verfasser dieses Buches.

Abb. 11-001: Ausguck Höjklint und Alarmglocke, 22 Meter über dem Meeresspiegel. Die Pfostenlöcher des Glockengerüstes entsprechen den Pfostenlöchern auf Ringebjerg.

Abb. 11-002: Ausguck Ringebjerg und Alarmglocke, 23 Meter über dem Meeresspiegel. Die Pfostenlöcher des Glockengerüstes gleichen den Pfostenlöchern auf Höjklint.

Auf der entgegengesetzten Seite des Stavnsfjordes, an der südlichen Stelle, befand sich die Aussichtsstelle Besser auf dem Besserberg; sie ist jetzt Aussichtsturm für Touristen und für die Einwohner von Besser, die von hier bis nach Seeland blicken können. Zu der Zeit, als das Korn mit Hilfe des Windes gemahlen wurde, war er eine Windmühle der Bauern. Die Aussichtsstelle Besser hat auch eine Vergangenheit als Filmkulisse, hier wurden im Jahre 1913 die ersten Aufnahmen zu »Der Erbe von Skjoldborg« gedreht. Aber das Bauwerk hat viel mehr als dies erlebt. Der erste Fußboden im Turm befindet sich weit unter dem jetzigen Fußboden, und im Mauerwerk erkennt man leicht die zugemauerten Fensteröffnungen der früheren Räume. Die unterste sichtbare Fensterreihe befindet sich mit der Unterkante auf Höhe des jetzigen Fußbodens, woraus man ableiten kann, daß der Fußboden des Bauwerkes 1 Meter tiefer lag, als das Gebäude vor 1200 Jahren als Ausguckposten der Wikinger verwendet wurde (005). Einen entsprechenden Ausguckposten gab es etwas weiter nördlich auf der Staalhöj, doch von ihm zeugt nur noch ein heller Ring auf dem Feld.

Etwas nördlicher auf dem Besser-Riff, zwischen Madebjerg und Havnehage, liegt eine eigentümliche Stelle: Hönsepold, einer der charakteristischen Hügel von Samsö, der einer kleinen Halbinsel mit einer ganz schmalen Verbindung zum Festland gleicht. Er ist ein vortrefflicher Ausguckposten, von dem aus sowohl der Hafen als auch das Meer überwacht werden konnten. Das Luftbild zeigt, daß sich die Hütte der Mannschaft an der Nordseite der Sandbank als heller Streifen abzeichnet, ebenso die Wachrunde, die Tag und Nacht von der Hütte und über den höchsten Punkt hinweg getrampelt wurde; zur Hütte hinaus, den Abhang hinauf, auf dem Hügel hin und zurück und wieder hinunter zu der niedrigen Wachhütte (006).

Abb. 11-003: Auf dem Höjklint und dem Ringebjerg wurden die Pfostenlöcher mit Strandsteinen gefüllt, nachdem das Glockengerüst entfernt worden war.

Abb. 11-005: Vom Besser-Ausguck. Im Mauerwerk erkennt man deutlich die zugemauerten Fensteröffnungen der früheren Räume. Bei der untersten sichtbaren Fensterreihe befindet sich die Fensterunterkante auf der Höhe des jetzigen Fußbodens.

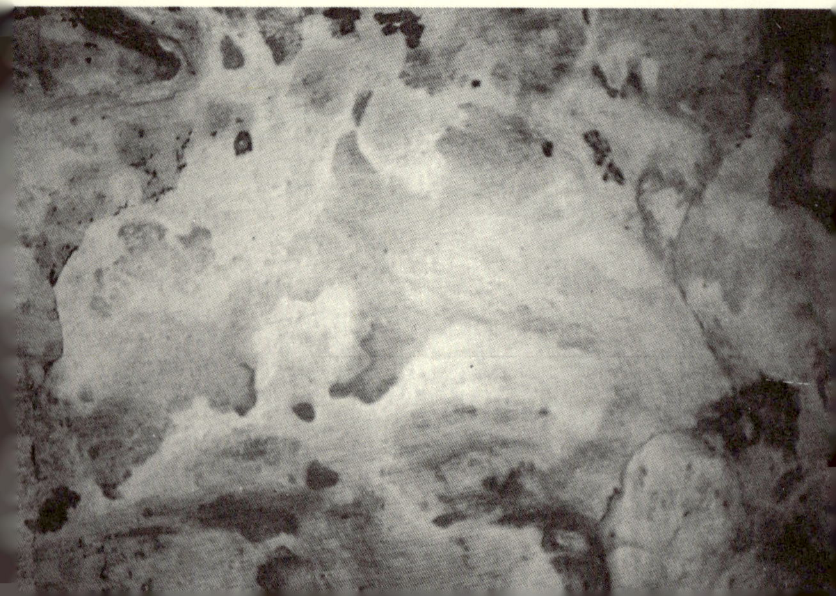

Abb. 11-006: Ausguck Hönsepold, 13 Meter über dem Meeresspiegel. Ein dunkles Viereck in einem hellen Feld bezeichnet die Lage des Wachhauses und ein dunkler Streifen über der Anhöhe die Wachrunde.

18 Meter hoch, mit Aussicht auf das Fahrwasser auf der Nordseite Samsös, finden wir Frederikshöj, wo der Ausguck die Seeburg gegen Überraschungsangriffe von Samsös Nordseite her sicherte, und entlang des Besser-Riffs die Liegeplätze der kleinen Boote für die wachhabende Mannschaft (Kartenskizze 007-008-009).

Ein für die Seeburg äußerst wichtiger Punkt war Havnehage oder Munarvogr, wie ihn die Island-Sagas mit einem lateinischen Wort benennen; Seebefestigung eines Meereshafens. Sage und schreibe drei Hafenbecken sind mit äußerster Umsicht angelegt worden; in der Mitte sind die Häfen für kampfbereite Langschiffe, gleich südlich davon, mit Ausfahrt zum Stavnsfjord, befindet sich der Hafen für kleine Boote. Die kleinen Boote (Snekker) waren die kleinen, schnellen Zerstörer der damaligen Zeit, während Langschiffe als die damaligen Schlachtschiffe bezeichnet werden können. Gleich nördlich der Langschiffsbasis finden wir noch ein Becken für kleine Boote, diesmal mit Ausfahrt zur entgegengesetzten Seite, hinaus aufs offene Meer. Die Ausfahrt ist heute versandet, aber die Merkmale in der Vegetation sind deutlich genug: rechteckige Hafenbecken mit einer kleinen Laternenmole an der Einfahrt.

An derselben Stelle, nur etwas weiter nördlich, befindet sich die große Schanze, die viele Jahre später während der Englandkriege errichtet, ausgebaut und wieder in Gebrauch genommen wurde. Ursprünglich war sie aber ein Schutz der Wikinger vor Feinden, Wind und Wetter. Zwischen der großen Schanze und den Hafenbecken befinden sich die Laufgräben, die sicherstellten, daß die wachhabende Mannschaft die Boote blitzschnell und geschützt bemannen konnte, wenn ein Angriff von außerhalb drohte (011).

Auf der anderen Seite der Einfahrt zum Stavnsfjord auf Lilleöre finden wir die Spuren des Hafens Unarvogr, der Seebefestigungen der gleichen Art aufweist, mit drei Hafenbecken und mit Laufgräben hin zur alten Hauptschanze (012). Diese zwei Häfen machten zusammen mit Vorposten auf den Inseln Kyholm und Lindholm jedes Eindringen in die Seeburg von der Ostseite her unmöglich; niemand hätte die Wachmannschaft überrumpeln können, und niemand hätte sich in offenem Kampf hindurchschlagen können. Alle Fremden wurden hier abgewehrt und an die Einfahrt in der Saelvigbucht auf der Westseite der Insel verwiesen. Dort nahm Palnatoke von seinem Kastell aus, das quer über die Einfahrt gebaut war, die Fremden in Augenschein, ehe der Hafen geöffnet wurde.

Auf Lilleöre, in der Nähe der drei Hafenbecken, befin-

Abb. 11-011 A: Seehafen Munarvogr mit mehreren Hafenbecken und Liegeplätzen für Wachschiffe. Die Molen sind abgerundet, damit die Schiffe von Hand um die Molen herum gewendet werden können. So konnten sie bei Alarm den richtigen Wind in die Segel bekommen.

Abb. 11-011 B: Bootsliegeplätze, weiß markiert.

Abb. 11-012 A: Versandete Hafenbecken von Unarvogr, auf der Strandwiese zu erkennen. Zwischen den Becken befinden sich zum Schutz der Mannschaft Laufschanzen, die aus dem Bodenaushub der Hafenbecken errichtet wurden.

Abb. 11-012 B: Hafenbecken Unarvogr für Langschiffe, weiß markiert.

Abb. 11-013 A: Skodshöj, Schußhügel, die runde, teilweise bewachsene Anhöhe in der Bildmitte, von der aus Palnatoke König Harald niederschoß, als dieser unterhalb der Böschung am Strand Rat hielt.

Abb. 11-013 B: Gedenkstein für Palnatoke bei Skodshöj, ein in einen großen Stein eingemeißelter Wikingerschild, vielleicht mit einer Inschrift. Der Stein wurde nie von Sachverständigen untersucht, und am Ort scheint niemand zu wissen, was er bedeutet.

det sich Skodshöj, die Anhöhe am Waldrand, an der es Palnatoke lange bevor die Seeburg angelegt wurde, gelang, König Harald kampfunfähig zu machen. Hier befindet sich der Stein, der von dem Vorfall vor der Böschung am Waldrand berichtet. Der Stein war viele Jahre lang in der Humusschicht verschwunden, die sich aus den niederfallenden Blättern der Bäume gebildet hatte. Er tauchte aber wieder auf, als man den Brunnen grub, der sich an der Stelle befindet, wo König Harald mit seinen Leuten gelagert hatte, nur 20 Meter nördlich des jetzigen Standortes des Steines (013).

An der Küste vor Stavns, der ältesten Stadt der Insel, befand sich der Liegeplatz der Flotte mit Hunderten von Langschiffen, Steven an Steven, vertäut an zugespitzten Stämmen aus Eibenholz, die in den Grund des Fjordes eingerammt waren. Hier lagen die Langschiffe klar zum Auslaufen, wenn Palnatoke seinen Befehl zum Sommerfeldzug gegen die Britischen Inseln gab.

Noch eine Sicherung hatte die Hauptflotte, die vor Stavns lag. Draußen im Fjord befanden sich, mit Aussicht auf die Einfahrt des Fjordes in beiden Richtungen und Blick über die gesamte Hafenanlage, auf der Insel Hjortholm Schanzenanlagen, die jetzt unter dem Baumbewuchs auf dem Hügel der Insel versteckt sind.

Auch an Neubau, Reparatur und Instandhaltung der Schiffe war gedacht. Gleich bei den Docks der Flotte auf Lilleholm finden wir Schiffswerften mit Zufahrtsstraßen und mit planierten Flächen für Materialien, Fahrzeuge und Werkstätten. Das Hafenbecken ist heute genau in der Mitte durch einen Damm geteilt, der bei der Eindämmung von Stavns Made errichtet wurde. Steht man auf dem Damm, sieht man auf seiner Außenseite die Hälfte des Beckens mit Wasser gefüllt, dreht man sich um 180°, erblickt man auf der Innenseite des Dammes den

Abb. 11-016 A: Palnatokes Schiffswerft und Hafen auf Lilleholm mit dem quadratischen Becken, das später von einem Damm durchschnitten wurde. Rechts die lange Mole, in der die Schiffe vor der Abfahrt versorgt werden konnten.

Abb. 11-016 B: Palnatokes Schiffswerft und Hafen auf Lilleholm mit den weißmarkierten Umrißlinien des Hafenbeckens.

anderen Teil trockengelegt. Er ist aber auf der Wiese an seiner rechteckigen Form leicht erkennbar. Auf der Außenseite des Dammes sind noch die Reste der gepflasterten Straße zu sehen, die in Verlängerung der Straße auf der Innenseite des Dammes hinaus zum Arbeitsgelände und weiter zum Liegeplatz der Flotte führte (016 A, 016 B).

Etwas weiter nach Süden noch eine Werft: Barnekold. Die Steine, die die Molen in den Fjord hinaus bildeten, liegen dort noch immer in einer geraden Linie mit der Einfahrtsöffnung an der tiefsten Stelle (017).

Last, but not least, Palnatokes Meisterwerk, der Kanhavekanal mit einer furchteinflößenden Einfahrt, die selbst die wildesten Phantasien übertrifft. Hören wir nur einmal, was die Island-Sagas darüber berichten:

»Er ließ einen Hafen bauen, der so groß war, daß zur gleichen Zeit dreihundert Langschiffe dort liegen konnten und alle von der Burg umschlossen waren. Die Einfahrt war mit großer Kunst eingerichtet. Sie hatte Pforten und ein großes Steingewölbe darüber, und vor den Öffnungen befanden sich Eisentore, die von innen verschlossen waren. Und auf dem steinernen Gewölbe stand ein großes Kastell, in dem sich Steinschleudern befanden.«[44]

Luftbilder zeigen die Veränderungen in der natürlichen Vegetation, wo sich dieses Bauwerk befand und wo die Küstenlinie und die Zufahrtsstraßen einmal lagen. Auf einem Luftbild der Einfahrt des Kanhavekanals sind die Abweichungen in der Vegetation mit Farbe nachgezogen, und wenn wir diese eigene Skizze der Natur mit der Beschreibung in den Island-Sagas vergleichen, so können wir uns vorstellen, wie der Grundriß und das Kastell aufgebaut waren. Selbst den mutigsten Angreifern müssen beim Anblick von Türmen, Kastell und Eisentoren Bedenken gekommen sein (018).

Abb. 11-016 C: Die Reste der Molenöffnung aus der Wikingerzeit entlang des Hafenbeckens.

Abb. 11-017: Infrarotaufnahme. Hafenbecken an der Schiffswerft Barnekold, das durch eine halbkreisförmige Mole geschützt war.

Abb. 11-018: Der ehemalige Kanhavekanal im Luftbild. Bei Betrachtung der Veränderungen in der Vegetation fällt zuerst der größere kreisrunde dunklere Fleck ungefähr in Bildmitte auf. Weitere Kreise werden bei näherer Betrachtung sichtbar. Auf dem Bild rechts sind die Kreise mit gestri-

chelten weißen Linien markiert. Der Kreis unten im Bild (links vom Kanal) ist überhaupt nicht mehr zu sehen. Ein Bauer aus der Nachbarschaft berichtete, daß er beim Bau der Straße mithalf, einen kreisförmigen Wall an dieser Stelle abzutragen.

Bei unseren Nachforschungen nach den Baumeistern von Trelleborg fanden wir die Stadt Lumneta im Ringwall von Aggersborg, und wir fanden die Seeburg der Wikinger auf Samsö. Mit Lumneta und Jomsborg sind wir in zwei verschiedenen, sehr weit voneinander entfernten Zeitaltern: die Wikinger im achten Jahrhundert und Trelleborg, Fyrkat, Aggersborg viele Jahrhunderte früher. Aber wir fanden auch heraus, wie die Wikinger ihre Häfen bauten. Sie unterschieden sich nicht wesentlich von dem, was man erwarten konnte. Die Wikinger hielten sich in Buchten auf und bauten ihre Häfen als kleine Buchten im Land, aber keinesfalls mit kilometerlangen, tonnenschweren Steinsetzungen vor der Küste, wie es die Erbauer von Trelleborg taten. Ebenso fehlt jede Andeutung der genauen Geometrie, die sich in den Grundrissen der Trelleborganlagen ausdrückt.

Wir haben Respekt vor den heutigen Trelleborgforschern, müssen aber mit dem größten Bedauern definitiv von der Theorie Abschied nehmen, daß die Trelleborganlage ein Werk der Wikinger ist. Aber der Flug über Samsö zeigte uns nicht nur den Standort des Meisterwerkes der Wikinger, die Seeburg Jomsborg/Samsborg, er enthüllte gleichzeitig andere Spuren der Vergangenheit, die von Ereignissen von weit größerer historischer Bedeutung berichten, als es die Taten der Wikinger waren.

Die vielen Erlebnisse von Hamburg über Oldenburg und Aggersborg nach Samsborg haben beinahe die ursprüngliche Aufgabe in den Hintergrund gedrängt. Wir befinden uns gerade jetzt in Punkt 2, Samsö, zwei Aggersborg/Fyrkat-Abstände von Fyrkat entfernt, an einer der Stellen, wo der Hypothese der Wellenlängen zufolge ein neues Trelleborg zu finden sein muß. Wir wollen näher betrachten, ob hinter der Theorie Realitäten stehen könnten.

EIN NEUES TRELLEBORG

*Der Ring auf Besser Made
und eine ganz besondere Insel*

Die Vergangenheit setzte eine markante Spur nahe der Wikingerschiffswerft Barnekold auf Samsö, nämlich dort, wo die Wasserläufe Sörenden und Graeslökkerenden zusammenfließen, um gemeinsam in den Stavnsfjord zu strömen. Diese Spur gleicht vollständig denjenigen von Fyrkat und Trelleborg. Auf einer Wiesenfläche am Zusammenfluß zweier Bäche, zwischen den Wasserläufen, findet man die Spuren eines kreisrunden Erdwalls. Der Ring auf dem Boden zeichnet sich ganz deutlich auf der frischgepflügten Wiese als großer dunkler Ring vor einem helleren fast weißen Hintergrund ab. Bei genauerem Hinsehen zeigt sich, daß die weiße Farbe von Millionen von kleinen weißen Muschelschalen kommt, aufgegraben aus dem alten Meeresboden. Dort haben sich über Jahrtausende Muschelkolonien entwickelt, die zum Bau des Ringwalles verwendet wurden. Als der Ringwall dann aus dem einen oder anderen Grund eingeebnet wurde — vielleicht, weil die Wiese urbar gemacht werden sollte —, wurde die muschelschalenhaltige Erde über die Wiese verstreut, aber die Umrisse des Ringwalles blieben bis heute zurück. Sie berichten von

Abb. 12: Infrarotaufnahme. Spuren des Kreises auf Besser Made im Zusammenfluß zweier Wasserläufe, die gemeinsam in den Stavnsfjord fließen.

einer kreisrunden Anlage, die einstmals hier auf der Wiese bei Besser Made in Gebrauch war.

Der Ringwall war kleiner als der Ringwall bei den drei bekannten »Trelleburgen«. In Aggersborg war im Ringwall Platz für 12 Quadrate, in Fyrkat und Trelleborg waren es je 4. In diesem Ring könnte nur ein einziges Quadrat angelegt werden. Vielleicht werden nähere Untersuchungen Pfahllöcher in der bekannten geometrischen Anordnung mit den vielen Ellipsen enthüllen (Abb. 12).

Dieser Ring lag früher auf Besser Made in einem großen, abgegrenzten Gelände von rechteckiger Form, mit Wällen an drei Seiten und den Bachläufen an der vierten. Der längste der Wälle ist zum Weg zwischen Besser und Alstrup geworden. Einer der anderen Wälle wurde vor einigen Jahren eingeebnet, um die Feldarbeit zu erleich-

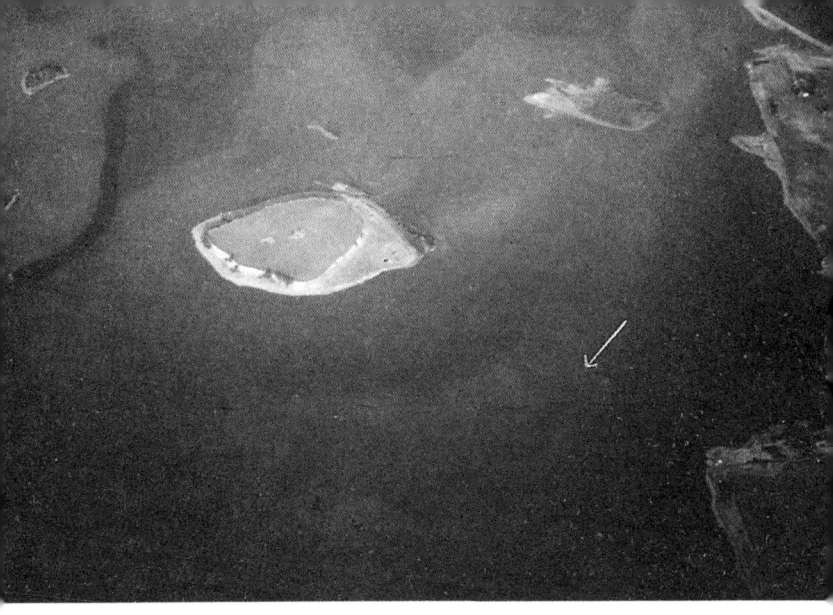

Abb. 13: Luftbild der Spuren des Dammes auf dem Meeresgrund zwischen Endebjerg und Eskeholm. Bei der Landspitze, rechts in der Ecke im unteren Teil des Bildes, sind zwei kleine weiße Punkte zu erkennen. Es sind Segelboote, die entlang der Reste des Dammes verankert sind. Der Damm erscheint als dunkler Streifen auf dem Meeresgrund in Richtung zur Insel Eskeholm.

tern, aber ein Streifen über die Wiese hinweg zeigt immer noch, wo er sich befunden hat. Der dritte Wall dient jetzt als Feldweg, aber einstmals war dieser Weg von großer Bedeutung, er verlief über die Felder hinauf nach Endebjerg und von dort über den hohen Abhang hinunter zum Stavnsfjord, wo er sich unter leichtem Gefälle bis zur Wasserlinie hinunter fortsetzte. Der Weg existiert noch als breiter und ebener Fahrweg mit angemessener Neigung. Man müßte nur das Gras mähen und Schotter auftragen, dann wäre der Weg sofort für moderne Fahrzeuge befahrbar.

Der Weg führt geradewegs zum Strand zu der Stelle, an der Bootsbesitzer jahrelang ihre Boote in einer geraden Linie vor der Küste liegen hatten, weil der Grund des Fjords hier, wo die Reste eines Dammweges auf dem Grund zurückgeblieben sind, erhöht ist. Die weichen Bestandteile des Füllmaterials hat das Meer fortgespült, aber der Fjordgrund ist fest und hart von den härteren und schwereren Materialien des Dammes; so war gerade diese Stelle besonders gut geeignet zum Einrammen der Vertäuungspfähle der Boote. Aus der Luft kann man unter Wasser eine dunkle Linie sehen, die dort endet, wo das Wasser so tief wurde, daß eine Brücke gebaut werden mußte. Auf der anderen Seite des tiefen Wassers setzte sich der Damm jedoch bis zur Insel Eskeholm fort, der Insel, die anders ist als alle anderen Inseln im Stavnsfjord (Abb. 13).

Vor sehr langer Zeit herrschte hier über Damm und Brücke ein lebhafter Verkehr von Fahrzeugen, Pferden und Fußgängern zur Insel Eskeholm. Heute steht sie unter Naturschutz und wurde Fauna und Flora überlassen, aber einstmals war sie Nordeuropas Metropole. Auf dieser Insel gibt es Spuren, die eine phantastische Geschichte erzählen, die bis auf den Ursprung von Trelleborg zurückgeht.

Eskeholm im Stavnsfjord bei Samsö ist völlig anders als die anderen Inseln im Fjord. Die Inseln entstanden dadurch, daß Schmelzwasser in der Eiszeit hier mitten im Kattegat Steine und Geröll ablagerte. Überall auf und bei Samsö findet man die so charakteristischen Hügel, die die Natur geschaffen hat, in der Form beinahe wie ein Bowlerhut oder ein Hünengrab. Solche Hügel findet man auf fast allen Inseln. Auch Eskeholm sah so aus, bevor Menschen es umgestalteten, so daß es jetzt ein völlig anderes Profil hat. Der Hügel wurde abgeschnitten, wie man die Spitze von einem Ei abschneidet, und zurück blieb ein Plateau, das vor undenklichen Zeiten von Menschen gestaltet wurde.

Die Insel, die nach allen Regeln der Kunst eingefriedet und geschützt ist, gehört jetzt dem Bauern Holm vom Hof Madebjerg. Aber im vorigen Jahrhundert war sie in zwei Liegenschaften mit zwei verschiedenen Eigentümern geteilt, und es gab ein kleines Haus für den Hirten, der das Vieh hütete. Ansonsten war es still und friedlich auf der Insel, soweit sich irgendeine der jetzt lebenden Personen erinnern kann.

Doch so war es nicht immer, denn Luftbilder zeigen durch schwache Abzeichnungen auf dem Plateau, daß es einstmals Straßen und Gassen gab, die von der Mitte der Insel zu Damm und Brücke führten sowie, in der entgegengesetzten Richtung, zu einer Hafenanlage im Stavnsfjord, so daß Schiffe von dort aus das Meer um Samsö befahren konnten.

Überraschend sind die Anzeichen einer Stadt, die die Veränderungen in der Vegetation, zusammen mit Schatten in Senken der Erdoberfläche, enthüllen. Es ist zu erkennen, daß es eine Hauptstraße gab, von der aus 9 Straßen oder Gassen strahlenförmig zum Rand des Plateaus liefen. Die Insel hat heute die Form einer Schichttorte. So ist es möglich, von außen in den Plateaurand zu sehen. Dort zeigen Veränderungen im Bewuchs den Querschnitt der Straßen als dunkle Flecken in der Vegetation, die sich seit Jahrtausenden frei entwickeln durfte. Die Pflanzen wählten sich ihren Platz selbst. Pflanzen, die am besten in fetter Erde gedeihen, wachsen darum dort, wo der Boden fett ist, und Pflanzen, die am besten zwischen Steinen und Geröll wachsen, halten sich dort, wo der Erdboden aus diesen Materialien besteht. Mit einer Stahlsonde kann man feststellen, daß dort, wo die Stra-

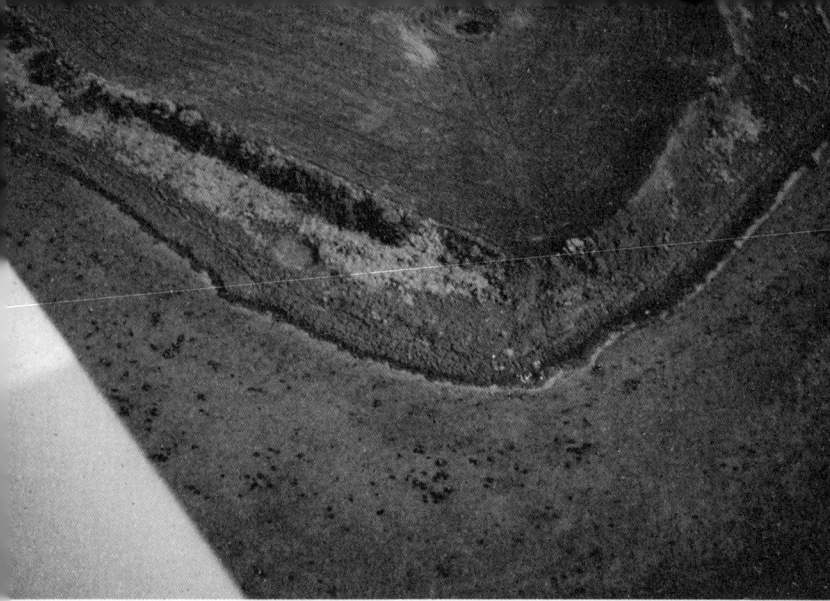

Abb. 14: Auf der Plateaukante von Eskeholm zeigen Veränderungen in der Vegetation, wo der Hohlweg nach unten zum Strand führte. Oben auf dem Plateau kann man an den Streifen auf dem Feld die alte Straße erkennen. Sie lief nach links den Strand entlang bis zu dem runden Brunnen auf der Wiese.

ßen aus der Stadt heraus und hinunter zur Strandwiese führten, der Boden hart und undurchdringlich ist, während die Erde an den Seiten weich und nachgiebig ist (Abb. 14).

Auf Luftbildern kann man sehen, daß die Straßen vom Rand des Plateaus über die flache Strandwiese führten, einige zum Damm, andere zum Strand und wieder andere zum Hafen, der als Gebiet mit niedrigem Wasser und vielen Steinen nördlich der Insel zu erahnen ist. Etwas weiter draußen gibt es auf dem Grund eine gerade Reihe von Steinen — ein Schiffsliegeplatz wie beim Hafen von Trelleborg, Mengen großer Steine, als Anlaufkai für Schiffe aufgereiht. Erde und Steinmaterialien wurden vom Hügel auf Eskeholm geholt, als er planiert wurde, und zum Auffüllen des Hafengeländes hinter der Steinreihe verwendet. Wie bei den Dämmen wurden die weicheren Teile im Laufe der Jahre fortgespült, aber die Steine, die sich im Auffüllmaterial befanden, blieben liegen. Sie bezeichnen das gesamte Hafenterrain, das zu der bedeutenden Stadt gehörte, die sich einst auf der Insel Eskeholm befand.

Diese Großstadt mit Straßen und Gassen, mit Hafen und Brücke muß doch früher bekannt gewesen sein. Das ist auch der Fall, denn die Stadt wurde vor sehr langer Zeit von verschiedenen berühmten Verfassern ausführlich beschrieben. Der gründlichste unter ihnen war der Historiker Adam von Bremen, der auch über Lumneta am Limfjord so gut Bescheid wußte. Lassen Sie uns sehen, was er über die Stadt auf Eskeholm zu berichten weiß und wie er den Untergang dieser Stadt beschreibt.

Adam von Bremen

Adam von Bremen war ein netter und aufgeweckter junger Mann. Seit dem Jahre 1066 war er als Lehrer an der Domschule in Bremen angestellt. Er besaß eine wohlentwickelte und gesunde Neugier. Wo er auch hinkam, erkundigte er sich, um mehr in Erfahrung zu bringen als das bereits aus Geschichtsbüchern Bekannte. Er war eine freundliche Seele mit angenehmen Umgangsformen. Es fiel ihm leicht, die Leute dazu zu bringen, ihm zu berichten, was sie in der Fremde gehört oder gesehen hatten. Seefahrer und Kaufleute wie auch Könige erzählten frei heraus, wenn er fragte. Häufig wurden es sehr lange Geschichten. Nicht immer gefiel das dem Bischof, weil für Adam von Bremen nun einmal das gerade interessant war, was ihm über Barbaren und Heiden berichtet wurde, die in den Gebieten nördlich und östlich der Elbe wohnten. Da er dem Bischof, bei dem er ja sein Brot verdiente, gern wohlgefällig sein wollte, machte er lieber nicht allzuviel Reklame für diese abscheulichen Feinde der Kirche. Oft bricht er deshalb seine Erzählung gerade dann ab, wenn sie interessant wird, anschließend lobt er die Diener der Kirche und ihre Werke über den grünen Klee, damit der Bischof von Bremen ja nicht den Eindruck bekäme, daß er vom Glauben abfallen könnte. Er ärgert sich darüber, daß er sich nicht erlauben konnte, alles zu beschreiben, was er gehört hatte. Er drückt seinen Unmut folgendermaßen aus:

»Im übrigen habe ich viel verschwiegen und vor allem das aufgezeichnet, was im allgemeinen für die Nachwelt wissenswert und für die Kirche von Hamburg nützlich ist.«[24]

Adam von Bremen hätte viel mehr über die heidnischen Heiligtümer berichten können, wenn er dadurch nicht bei dem Erzbischof von Bremen in Ungnade gefallen wäre. Aufgrund dieser Verheimlichungen und weil andere später Adam von Bremens Manuskript berichtigten und darin radierten, so daß viele seiner Erklärungen unleserlich wurden, blieb sowohl die Lage von Lumneta am Limfjord als auch die einer anderen weitberühmten heidnischen Hauptstadt auf Eskeholm im Stavnsfjord fast tausend Jahre lang verborgen.

Adam von Bremens Beschreibung der Lage der Stadt war übrigens ausgezeichnet, und seine dänische Quelle über die Verhältnisse im Norden könnte nicht besser gewesen sein. Er schrieb folgendermaßen:

»Der berühmteste der Barbaren war zu jener Zeit der Dänenkönig Suein... Als ich zur Zeit des Erzbischofs nach Bremen kam, hörte ich von des Königs Weisheit und beschloß bald, mich zu ihm zu begeben. Ich wurde auch, wie alle, sehr freundlich von ihm aufgenommen. Aus seinem Munde habe ich viel Stoff zu diesem kleinen Buch gehört. Er besaß Bücherwissen und Gelehrsamkeit und war äußerst zuvorkommend gegenüber Fremden... Sowohl das, was wir erzählt haben, als auch das, was wir noch über die Barbaren erzählen werden, haben wir alles aus den Berichten dieses Mannes erfahren.«[29]

Bessere Auskünfte als die, die er von Svend Estridson (König Suein) erhalten hatte, hätte sich Adam von Bremen nicht beschaffen können, aber seine geographischen Begriffe waren doch etwas verworren. Sie stammten aus Lehrbüchern, die vor seiner Zeit geschrieben worden waren zu einem Zeitpunkt, als man fast keine Kenntnis über die Gebiete hatte, die nördlich der Elbe lagen. Man wußte sehr wenig über diese Länder und betrachtete sie alle als slawische Länder mit einer gemeinsamen unverständlichen Sprache. Erst viel später fing man an, zwischen den verschiedenen Stämmen — Holsteinern, Dänen, Goten und vielen anderen mehr — zu unterscheiden. Adam von Bremen versucht in seinem Buch einiges über diese fremden Stämme zu berichten, die er mit teils unbekannten Namen beschreibt. In seinem zweiten Buch schreibt er:

»*Diejenigen, die am zentralsten wohnen und von allen die mächtigsten sind, sind die Retharier. Ihre weitberühmte Hauptstadt ist Rethre, ein Sitz der Götzenverehrung. Dort ist ein großes Heiligtum für die Götzen erbaut worden, von denen Redigast der oberste ist. Sein Denkmal wurde aus Gold gefertigt, und sein Lager ist mit Purpur bereitet. Diese Stadt hat neun Tore und ist von allen Seiten von tiefem Wasser umgeben. Der Zugang erfolgt über eine Holzbrücke, zu welcher nur diejenigen, die Opfer bringen oder Orakelrat suchen, Zutritt haben... Zu diesem Heiligtum sind es vier Tagesreisen von Hamburg.*«[26, 40]

Vier Tagesreisen ab Hamburg entsprechen der Entfernung nach Eskeholm. Adam von Bremen berichtet an anderer Stelle, daß die Reise durch Jütland bis zu der Stelle, an der man sich nach Fünen wendet, drei Tagesreisen währt und daß die Reise nach Aalborg sieben Tagesreisen entspricht. Also muß Samsö, das ein wenig nördlicher als Fünen und etwas südlicher als Aalborg liegt, gerade vier Tagesreisen von Hamburg entfernt sein.

In gleicher Weise, wie es bei Lumneta/Aggersborg der Fall war, blieb auch die Lage der alten heidnischen Hauptstadt auf der Insel Eskeholm unbekannt. Man suchte zwar vier Tagesreisen von Hamburg entfernt nach ihr, aber über Oldenburg bei Lübeck anstatt über Oldenburg bei Schleswig, das heidnische Oldenburg, das seit der Einführung des Christentums im Norden nicht mehr existierte.[37, 39]

In seiner Beschreibung von Eskeholm nennt Adam von Bremen die Insel Holm. Er weiß über diese Insel eine Menge zu berichten. In seiner Beschreibung der dänischen Inseln spricht er vom Kattegat als der Mündung des Baltischen Meeres; er meint eindeutig das Kattegat, wenn er schreibt:

»Es gibt viele Inseln in dieser Meeresbucht; sie werden fast alle von den Dänen und den Schweden beherrscht, die Slawen besitzen jedoch auch einige. Die erste von ihnen ist Vendsyssel im Eingang zu diesem Meer, die zweite Mors, die dritte Thy. Sie liegen in geringem Abstand voneinander. Die vierte ist Samsö, die vor der Stadt Aarhus liegt. Die fünfte ist Fünen, die sechste ist Seeland und die siebente die, welche nahe dabei liegt...«

(An dieser Stelle ist im Manuskript des Adam von Bremen der Name ausgestrichen, dort hätte sicher Reersö stehen sollen, das seinen Namen von Rerer hatte, einem der heidnischen Götter.) Adam von Bremen fährt fort:

»Als achte Insel nennt man jene, die ganz nahe bei Schonen und Götaland liegt und Holm heißt, der meistbesuchteste Hafen in Dänemark und ein sicherer Ankerplatz für die Schiffe, die üblicherweise zu den Barbaren und nach Griechenland abfahren.«[29]

Von Holm/Eskeholm als »Götaland gegenüber liegend« zu sprechen paßt ganz ausgezeichnet, wenn man sich die Lage der Insel von Bremen aus vorstellt. An Götalands Westküste finden wir die beiden Städte Göteborg und Halmstad, und genau an der Küste dieser Städte landet man, wenn man von Eskeholm bei Samsö aus in nordöstlicher Richtung weitersegelt. Ein sicherer Ankerplatz für Segelschiffe ist der Stavnsfjord immer gewesen und ist es noch immer. Sind die Segelschiffe erst einmal in der Einfahrt des Fjordes, dann befinden sie sich in ruhigem Wasser und sind sicher vor Stürmen aus jeder Richtung. Jeden Sommer ist der Stavnsfjord Ankerplatz für Hunderte von Segelschiffen aus ganz Nordeuropa, die die Stille und Schönheit dieses Ortes genießen. Sie wissen nicht, daß sie sich an einem Ort befinden, an dem sich viele Gewalttaten abgespielt haben; durch die Wikinger in ihrer Seeburg vor 1300 Jahren und noch früher zur Zeit der Retharier in der innersten Ecke des Fjordes.

Adam von Bremen berichtet, daß von Holm regelmäßig Schiffe nach Griechenland ablegten, er berichtet ebenfalls, daß sich Griechen in Lumneta aufhielten. Griechenland liegt jedoch weit entfernt von beiden Orten, aber wir werden bald zeigen, daß es einen Zusammenhang gibt. Griechenland war einstmals eng mit dem Norden verbunden. Aber zuerst wollen wir noch sehen, wie es kam, daß die berühmte Hauptstadt der Heiden, Rethre auf Eskeholm, vom Erdboden verschwand.

Krieg zwischen Heiden und Christen

Nicht erst heute sind Religionskriege unfaßbar unmenschlich. Wir sehen und hören von den Religionskriegen in der arabischen Welt. Mit brutalsten Mitteln, mit Verstümmelungen und Massenmord will man die »Barbaren« überzeugen, daß es einen »einzigen wahren Glauben« gibt. Auch Bombardements und Kriege werden eingesetzt, um die Erinnerung an Religion und Kultur des »Irrglaubens« auszulöschen.

So ist es schon immer gewesen, wenn jemand sich berufen fühlte, anderen einen Glauben aufzuzwingen. Im Namen des neuen Glaubens sind alle Mittel geheiligt; man verbrennt Bücher, reißt Kirchen und Denkmäler nieder, man richtet Menschen hin oder verurteilt sie zu Zwangsarbeit. Geschichte wird immer von den Siegern geschrieben, die auf jede Weise versuchen, die Spuren der Religion zu tilgen, die sie gerade niedergekämpft haben.

So war es auch, als das Christentum im Norden den heidnischen Glauben verdrängte. Die heidnischen Heiligtümer, Lumneta auf Aggersborg und Rethre auf Eskeholm, wurden beide Gegenstand unmenschlicher Kämpfe, die damit endeten, daß die Städte beinahe spurlos verschwanden. Aber Adam von Bremen hat beschrieben, wie es geschah.

Die widerspenstigen Heiden in den entferntesten und am schwersten zugänglichen Stellen von den Segnungen des Christentums zu überzeugen war keine leichte Sache. Man kämpfte hart auf beiden Seiten; dreimal glaubte der Erzbischof von Bremen, daß seine Hirten die Schafe gezähmt und eingepfercht hätten, aber dreimal glückte es den Heiden, die Christen zurückzuschlagen; das eine Mal so gründlich, daß ganz Hamburg bis auf den Grund niedergebrannt wurde und die christliche Mission in Hamburg gezwungen war, sich nach Bremen zurückzuziehen, von wo sie gekommen war. Die Kämpfe gingen nicht ohne schwere Verluste ab, und beide Parteien rächten sich nach jedem Sieg damit, daß sie die heiligen Stätten des Gegners dem Erdboden gleichmachten. Als die Christen schließlich die Oberhand gewannen, wurden die heidnischen Städte Lumneta und Rethre abgebrochen und die alten Stadtnamen auf der Landkarte ausgelöscht, damit man ganz sicher sein konnte, daß die Angelegenheit aus der Erinnerung getilgt war. Die Stätten wurden danach mit völlig neuen Bezeichnungen versehen, die in die Systeme der Christen paßten.

Die Vorgehensweise beschreibt Adam von Bremen in seinem ersten Buch. Als man nach schweren Kämpfen an der Werra endlich die Heiden gebeugt und das Christentum eingeführt hatte, änderte man die Namen der Stätten und die Aufteilungen. Adam von Bremen beschreibt dies folgendermaßen:

»Für dieses Stift haben wir zehn Landstücke bereitgestellt, wobei wir jedoch die alten Namen und die Aufteilung änderten.«[30]

Man verbannte die alten Namen und führte neue Bezeichnungen ein. Auf dieselbe Weise löschte man auch den Ortsnamen Rethre aus.

Adam von Bremen erzählt in seiner Beschreibung der Werke des Erzbischofs Unwans, wie wirkungsvoll man zu Werke ging:

»Er befahl, daß alle heidnischen Gebräuche, an die sich der Aberglaube in diesem Land noch hielt, völlig ausgerottet werden sollten, und in den Hainen des Bistums, die unsere Marschbewohner in törichter Ehrfurcht aufsuchten, ließ er Kirchen errichten.«[31]

So löschte man die Spuren dadurch aus, daß man die Kirchen der neuen Religion über die alten heidnischen Stätten baute.

Man ging mit eiserner Faust an die Aufgabe heran, die Erinnerungen an den Glauben, den man niedergekämpft hatte, auszurotten. Aber die Heiden im Slawenland hatten ihre eigene Meinung über diese Angelegenheit. Adam von Bremen beschreibt, wie es einem der christlichen Apostel erging:

»Darauf wanderte er mit seinen Jüngern im Lande umher und soll Götzenbilder abgebrochen und durch Predigen des Evangeliums die Leute zur wahren Gottesverehrung ge-

führt haben. Aber dann wurde er, so liest man, von den fanatischen Heiden mit Knüppeln geprügelt und dazu verurteilt, mit dem Schwert hingerichtet zu werden.«[32]

Die Heiden begnügten sich jedoch nicht damit, den christlichen Apostel zu erschlagen, der ihre liebsten Götterbilder zerstört hatte. Sie zogen los, um Rache zu nehmen. Adam von Bremen berichtet:

»Unter diesen Anführern erhoben sich die Slawen und verwüsteten zuerst Nordalbingien mit Feuer und Schwert. Danach zogen sie gegen das übrige Slawenland zu Felde, steckten alle Kirchen in Brand und machten sie dem Erdboden gleich. Die Priester und übrigen Diener der Kirche brachten sie unter vielen Martern um und hinterließen jenseits der Elbe keine Spur des Christentums.«[33]

Er berichtet weiter:

»Der alte Bischof Johannes wurde zusammen mit anderen Christen gefangengenommen und dann zum Gespött der Leute durch alle Städte der Slawen geführt. Weil er nicht von Christi Namen ablassen wollte, wurden ihm Hände und Füße abgehackt und sein Körper auf die Straße geworfen, während sein Haupt als Siegeszeichen auf eine Stange gesteckt und ihrem Gott Redigast als Opfer dargebracht wurde. Dies geschah in der Hauptstadt der Slawen, Rethre, am 10. November.«[34]

Auch ein Gerücht erwähnt Adam von Bremen:

»Das Gerücht besagt, daß zu jener Zeit zwei Mönche aus den Bergwäldern Böhmens zur Stadt Rethre kamen. Als sie dort öffentlich Gottes Wort verkündeten, wurden sie auf

der Versammlung der Heiden auf eigenen Wunsch zuerst unter verschiedenen Martern verhört und schließlich um Christi willen geköpft. Ihre Namen sind den Menschen unbekannt, aber sie sind, wie wir wahrhaftig glauben, im Himmel aufgeschrieben.«[35]

Wie man sieht, war man nicht kleinlich mit harten Maßnahmen, auch nicht in Rethre auf Eskeholm. Rache ist süß. Als die Christen schließlich die Oberhand gewannen, wurde die Stadt Rethre dem Erdboden gleichgemacht, die Brücke und der Hafen wurden zerstört und die Überlebenden zwangsweise umgesiedelt oder gefangengenommen.

Der heidnische Stadtname Rethre und der heidnische Göttername Redigast wurden in Bann gelegt, der alte nordische Name Askholm der Insel in Escheholm umgeändert, was später wiederum zu Eskeholm wurde. Wir werden bald erfahren, daß die Esche, die der Insel den Namen gab, keine gewöhnliche Esche war *[A. d. Ü.: (dän.) Ask, Asketrae, (dt.) Esche; aber (dän.) Aske, (dt.) Asche]*.

Auch über den Bischof, unter dem die Insel zu den Akten gelegt wurde, Bischof Egino, hat Adam von Bremen einiges zu berichten:

»*Egino war dagegen ein bücherkundiger und einzigartiger, keuscher Mann; völlig durchdrungen von glühendem Eifer, die Heiden zu bekehren. Deshalb gewann dieser Mann viel Volk für Christus, das bis dahin der Götzenverehrung anhing, namentlich die Barbaren, die Pleicani heißen und auf der Insel Holm als Nachbarn der Göten wohnen. Sie sollen allesamt zu Tränen gerührt worden sein und soviel Reue über ihren Irrtum gezeigt haben, daß sie sofort ihre Götzenbilder zerbrachen und aus eigenem Antrieb darum wett-*

Abb. 15: Das linke Bild zeigt einen Schlüssel im Museum von Samsö. Das Motiv im Ring des Schlüssels gleicht dem Muster der Straßen in Rethre.
Das rechte Bild zeigt einen im selben Museum ausgestellten kleinen Metallbeschlag. Oben auf dem Beschlag befindet sich eine kleine Zeichnung des Grundrisses von Trelleborg: Ein Kreis mit einem Kreuz darin.

eiferten, getauft zu werden. Danach schütteten sie auch ihre Schätze und alles, was sie besaßen, dem Bischof zu Füßen und flehten ihn an, er möge sich herablassen, es anzunehmen.«[36]

Auf diese Weise verschwand die Hauptstadt Rethre für eine Zeit von der Erdoberfläche. Aber als die Bewohner von Eskeholm ihre Schätze und alles, was ihnen gehörte, dem Bischof zu Füßen legten, war doch einer unter den braven Heiden, der fand, er solle eine kleine Erinnerung an Rethre behalten. So steckte er zum Gedenken an die

Stadt einen kleinen Schlüssel in die Tasche. Dieser Schlüssel wurde auf einem Feld in der Nähe von Eskeholm gefunden und in eine Vitrine im Museum von Tranebjerg gelegt. Der Ring des Schlüssels hat die Form eines Ringwalles, und das Motiv in dem Ring könnte nach dem Straßennetz in Rethre gestaltet worden sein (Abb. 15).

Der Ringwall auf Eskeholm

Im Museum von Tranebjerg auf Samsö befindet sich in einer Vitrine ein weiteres Kleinod aus der Vorzeit, das auf einem Acker nicht weit von Rethre auf Eskeholm gefunden wurde. Es ist ein hübscher kleiner Beschlag, dessen Vorbild vielleicht von Rethres Heiligtum Redigast stammt, von welchem Adam von Bremen berichtete. Der Beschlag ist ein kleines, schön gearbeitetes Stück Metall, leicht beschädigt vom Zahn der Zeit; vielleicht ein kleines Überbleibsel der Ausschmückung des Heiligtums. Oben befindet sich eine kleine Öse als Aufhänger, an den Seiten und unten hatte es kleine Arme, und auf der Vorderseite ist ein kleiner Buckel mit einer runden Fläche, in die ein Kreis mit einem Kreuz darin eingraviert ist. Das Zeichen gleicht einer kleinen Trelleborg, genau wie die Zeichnungen auf den Steinen am Hafen von Trelleborg. Vielleicht ein Fingerzeig, daß das Heiligtum Redigast nach dem gleichen geometrischen Muster in einen Ringwall gebaut war wie das Heiligtum in Lumneta/Aggersborg, Fyrkat und Trelleborg (Abb. 15).

Weil es auch auf Eskeholm einen Ringwall gab, war die Stadt Rethre in und um diesen Ringwall entstanden, genauso wie die Stadt Lumneta im Ringwall von Aggersborg. Das Heiligtum in Rethre nannte man Redigast, dieses lateinische Wort erzählt von einem Ring. Teile dieses Wortes sind noch immer in mehreren Sprachen lateinischen Ursprungs in Gebrauch. Der erste Teil des Wortes, »redi«, bedeutet »einkreisen« und der zweite Teil, »gast«, bedeutet »Hohlraum«. Es handelt sich also um eine Einkreisung eines Hohlraumes — einen Ringwall. Den ersten Teil des Wortes kann man in vielen Formen antreffen, die alle irgendeinen Bezug zu »Ring« haben. »Redimio« bedeutet »umringen«, »redi-miculum« bedeutet »ringsherum«, und »rede-dor« bedeutet »Umkreis«. Alle Worte haben eine Bedeutung, die auf einen Ring zurückgeführt werden kann.

Es sind viele Luftfotos erforderlich, um die Umrisse des Ringwalls von Eskeholm auf dem Boden einzufangen. Es muß die richtige Jahreszeit sein, die Beleuchtung muß stimmen, die Tageszeit wohlgewählt sein, aber dann zeichnet sich auf der Erde auch ein Teil des Ringwallbogens ab. Nicht vollständig, sondern wie in Aggersborg nur mit Spuren des östlichen Teils des Ringwalles, aber doch genug, um festzustellen, daß der Ringwall mindestens so groß wie Trelleborgs Ringwall war, vielleicht sogar so groß wie der Ringwall auf Aggersborg.

Der Wall enthüllt sich auch, wenn man die Streifen auf der Erdoberfläche betrachtet, die durch das Straßennetz in Rethre verursacht werden. Durch diese Streifen erzählt die Natur von den Straßen. Bei den Aufräumungsarbeiten nach der Zerstörung der Stadt wurde die Erde des Ringwalles zusammen mit anderem Abrißmaterial zum Auffüllen der Straßen verwendet, die als Hohlwege hinunter zum tiefer gelegenen Strandterrain führten. Die

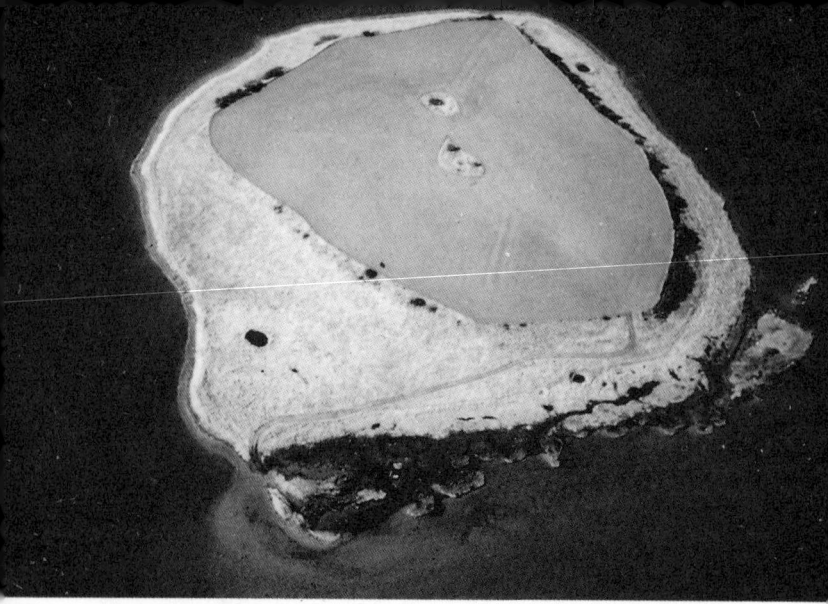

Abb. 16: Infrarotaufnahme. Die Insel Eskeholm mit dem Straßenverlauf, der sich als gerade Linien auf dem Plateau abzeichnet, mit schwachen Spuren des Ringwalles in der Nähe der Kante unten auf der rechten Seite des Bildes und drei Brunnen auf dem Wiesengelände.

Straßenstreifen ändern sich markant dort, wo sie den Ringwall schneiden, und auf diese Weise zeichnen die Streifen auf der Erde ein eigenes Bild. Veränderungen im Straßenmuster berichten von der Existenz des Ringwalles (Abb. 16).

An einigen Stellen ist die Füllung über den Straßen so sehr zusammengesunken, daß die modernen Mähdrescher, die bei der Ernte verwendet werden, jedesmal beim Überqueren einer alten Straße in den Boden einsinken. Auf diese Weise entsteht eine ganze Reihe von kleinen Schleifen, die ein Muster mit leichten Bögen in dem Stroh bilden, das nach dem Dreschen auf dem Feld liegenbleibt (Abb. 17).

Abb. 17: Vertiefungen in der Erdoberfläche an den Stellen, an denen die Straßen waren, führten dazu, daß der Mähdrescher eine feine Reihe von kleinen Bögen in dem sonst so gleichmäßigen Streifenmuster hinterließ.

Aggersborg und Eskeholm haben beide sehr schwache Spuren, weil an beiden Orten eine größere Ansiedlung innerhalb des Ringwalles entstanden war, und diese dichtbevölkerten Ansiedlungen verwischten die Spuren, wie auch jahrhundertelange wirtschaftliche Nutzung die Spuren eingeebnet hat.

Die beiden heidnischen Städte müssen das gleiche Schicksal gehabt haben. Sie wurden um einen Ringwall herum erbaut, in dem tüchtige Leute mit einem bestimmten Ziel vor Augen, unter ganz bestimmten Voraussetzungen und augenscheinlich nach demselben Plan, dem geometrischen Muster, ein sehr seltsames Bauwerk errichtet hatten. Die ursprüngliche Urbevölkerung, die Zeuge davon wurde, daß Fremde die völlig phantastische und unverständliche Anlage erbauten, von Trelleborg über Eskeholm und Fyrkat nach Aggersborg, beobachtete Dinge, die ihr ganz unmöglich erschienen. Das schöne Muster, die märchenhafte Technik, die großen Ringwälle, die neuen Methoden, die Fremden in ihren schönen Kleidern, die Art, auf die sich die Fremden über Land und Wasser bewegten, ihre unverständliche Sprache, die Geräusche, die sie umgaben — es war ganz natürlich für die Eingeborenen, diese phantastischen Fremden als ihre neuen Götter anzunehmen.

Als die Anlagen ihren Zweck erfüllt hatten, verschwanden die Fremden wieder, und die Eingeborenen nahmen die Anlagen mit höchster Ehrfurcht in Besitz und betrachteten sie als ihre größten Heiligtümer. Sie zogen in Aggersborg und Eskeholm ein, und es entstanden die heidnische Lichtreligion und die großen heidnischen Städte Lumneta auf Aggersborg und Rethre auf Eskeholm. Über Jahrhunderte wurden sie als Heiligtümer verehrt und bestanden fort, bis das Christentum eingeführt wurde. Nicht verwunderlich, daß es schwer war, die Heiden davon zu überzeugen, daß das Christentum die richtigere Religion sei. Ihre Vorfahren hatten ja mit eigenen Augen die Wunder gesehen, welche die Baumeister der Anlage vollbracht hatten. Sie hatten selbst die Spuren der Bauwerke der Fremden auf dem Erdboden gesehen. Sie kämpften bis zum letzten Mann für ihren eigenen Glauben. Als das Christentum die Oberhand gewann, wurden die Städte ausgelöscht, um die Heiden daran zu hindern, sich dort zu versammeln, und um alle Beweise zu beseitigen. Es wurde verboten, auch nur den Namen des Heiligtumes zu nennen, es wurden auf geeigneten Plätzen in der Nähe Kirchen erbaut, und die Bewohner, die zurückgeblieben waren, wurden in andere Gegenden umgesiedelt. Beide Städte verschwanden so plötzlich, wie sie entstanden waren.

Der endgültige Beweis dafür, daß sich auch auf Eskeholm Spuren des von Trelleborg, Fyrkat und Aggersborg bekannten geometrischen Musters befinden, muß warten, bis sich die Archäologen bis zu den Pfostenlöchern im Untergrund durchgegraben haben.

Der Beweis dafür, daß die Erbauer von Trelleborg, Fyrkat und Aggersborg ihre technisch hochstehende Baukunst auch auf Samsö anwendeten, ließ nicht lange auf sich warten. Im August 1988 wurde ein ellipsenförmiger Grundriß freigelegt. Zwar nicht direkt auf der Insel Eskeholm, aber auf den Feldern bei Endebjerg an der Stelle, von der einst ein Damm zur Insel Eskeholm führte. Mikkel Holm, der Eigentümer der Insel und der umliegenden Felder, machte die Archäologen auf einige Spuren auf einem Feld bei Endebjerg aufmerksam. Man grub nach und fand die geometrische Ellipsenform als dunkle Flecken im hellen Sandboden: Holzpfosten, so vollständig verrottet, daß von ihnen nur noch dunkle runde Flecken im Sand zu sehen waren; keine Holzreste, die analysiert und datiert werden könnten, und keine Spur, die über den Zweck der Pfahlkonstruktion Auskunft geben konnte.

An einer Ecke der ellipsenförmigen Pfahlanordnung wurden auch die Spuren von zwei Grubenhäusern entdeckt (Abb. 66, Anhang). Als Grubenhäuser bezeichnet man gegrabene Erdlöcher mit sattelförmigem Dach. In einem dieser Grubenhäuser wurden Topfscherben eines Keramiktyps gefunden, der charakteristisch für die Zeit um etwa 400 bis 800 n. Chr. ist. Sie stammen also aus der jüngeren germanischen Eisenzeit, sind somit älter als die Wikingerzeit, die man von 800 bis 1055 n. Chr. ansetzt.[121] Die Grubenhäuser müssen vor der Wikingerzeit gebaut und benutzt worden sein.

In dem Grubenhaus an der südöstlichen Seite der Ellipse fehlen zwei Pfahllöcher. Diese müssen durch den Bau des Grubenhauses verschwunden sein. Die Pfahllöcher fehlen in dem Grubenhaus am nordwestlichen Ende der Ellipse ebenfalls. Die Ellipsen können deshalb nicht aus der Wikingerzeit sein, sondern müssen aus einem viel früheren Zeitalter stammen.

Nach Erscheinen der dänischen Ausgabe dieses Buches hatte der Archäologe Jörgen Troels-Smith Gelegenheit, das Buch zu lesen sowie das Luftbildmaterial in starker Vergrößerung zu betrachten. Einige Zeit danach äußerte er seine Meinung darüber folgendermaßen: »*... die Spuren, die als Zeugnis für menschliche Konstruktionen angesehen werden könnten, haben alle eine geologische Erklärung oder — soweit es Eskeholm betrifft — sind Spuren des jetzigen Gebrauchs als landwirtschaftliche Nutzflächen.*«

Inzwischen hat Jörgen Troels-Smith die Angelegenheit jedoch genauer überdacht, denn in einer Sendung des Dänischen Rundfunks am 11. September 1988 sagte derselbe Archäologe: »*Vor 15 Jahren kamen auf Eskeholm beim Tiefpflügen einige Brandgräber oder Scheiterhaufen zum Vorschein. Normalerweise wurden solche Feuerbestattungen mit Eichenholz vorgenommen, aber in einem Fall auf Eskeholm wurde ausschließlich Eibenholz verwendet, was recht seltsam ist. Man wird an den römischen Geschichtsschreiber Tacitus erinnert, der schrieb, daß in der Zeit um Christi Geburt* die vornehmen Germanen *auf einem Scheiterhaufen aus besonders kostbarem Holz verbrannt wurden. Jedenfalls ist es bemerkenswert, daß man in Dänemark zu dieser Zeit Eibenholz benutzte...*«

Wenn man — vielleicht zu Beginn unserer Zeitrechnung — auf Eskeholm einen vornehmen Germanen bestattet hat, so muß es dafür einen besonders guten Grund gegeben haben. Eskeholm muß ein Ort von großer Bedeutung gewesen sein. Man könnte sich vielleicht denken, daß Aussätzige oder Verbrecher auf einer abgelegenen, öden und unbewohnten Insel begraben wurden, aber bestimmt kein angesehener Germane. Man muß ihn an einem sehr vornehmen Ort beigesetzt haben. Eine solche Stätte muß die Insel Eskeholm gewesen sein.

Die erste Ellipse wurde also an Samsös Küste, Eskeholm gegenüber, gefunden, aber auf der Insel Eskeholm gab es einen großen Ringwall entlang der Großkreislinie zwischen Aggersborg und Trelleborg. Er liegt genau in der Richtung, in die Trelleborgs Parabel zeigt, und in einem Abstand von Fyrkat, der dem doppelten Abstand zwischen Fyrkat und Aggersborg entspricht.

Eskeholm befindet sich gerade an einem der drei Punkte, an denen sich nach unserer Amplitudentheorie ein neues, unentdecktes Trelleborg befinden müßte. Diese Anordnung, in einer geraden Linie quer über Meer und Land, fern aller bekannten Verkehrswege, ist ein starkes Indiz dafür, daß die Bauwerke von Leuten errichtet wurden, die für ihren Plan ganz andere Voraussetzungen hatten als die, über die die Wikinger verfügten.

Man hat sich sehr darüber gewundert, daß Trelleborg, Fyrkat und Aggersborg nicht an den großen bekannten Hauptstraßen lagen. Mit diesen Standorten in einer geraden Linie quer über Land und Meer sieht es aber so aus, als ob gerade diese Anlagen eine Art Hauptstraße dargestellt hätten. Die Anordnung ist höchst seltsam. Es kann unmöglich ein Zufall sein, daß diese großen Ringwälle in einer Linie angelegt sind. Wir wissen mit Sicherheit, daß drei von ihnen ein Bauwerk mit einem geometrischen

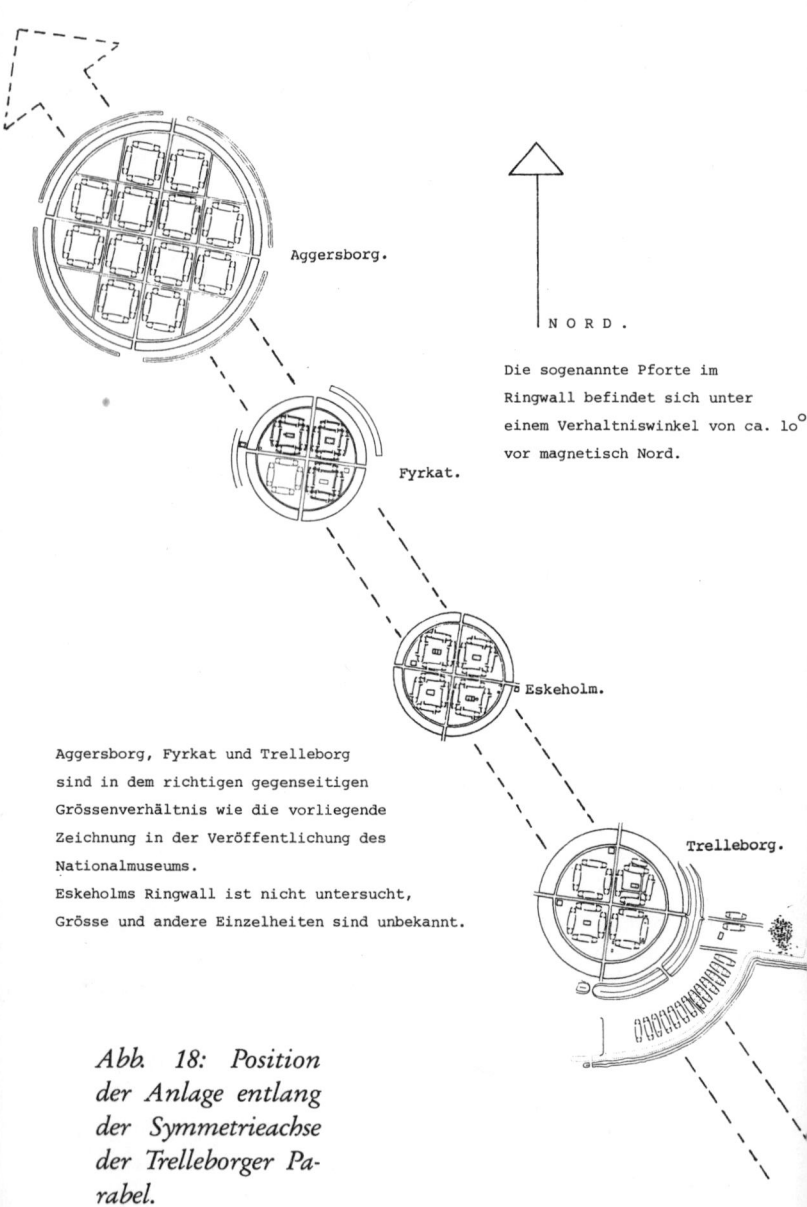

Abb. 18: Position der Anlage entlang der Symmetrieachse der Trelleborger Parabel.

Grundriß enthielten, und vermuten, daß auch das vierte, nämlich Eskeholm, zeigen wird, daß es im Boden das gleiche Pfostenmuster hat. Und mehr noch: Alle vier liegen entlang der Symmetrieachse der Parabel von Trelleborg (Abb. 18).

Die Anlagen müssen von jemandem erbaut worden sein, der Nutzen daraus zog, daß sie in einer geraden Linie lagen, und der überhaupt imstande war, eine solche Anordnung über eine Strecke von zweihundert Kilometern zu verwirklichen, quer zu allen aus historischer Zeit bekannten Verkehrslinien, von Insel zu Insel, quer über Meer und Land.

Wenn wir bedenken, daß die Bevölkerung früher so primitive Hilfsmittel benutzte wie z. B. die Länge eines Fußes als Maßeinheit und möglicherweise eine durchscheinende Scheibe aus geschichtetem Naturstein, um die Richtung der Sonnenstrahlen zu finden, so muß es fast unmöglich gewesen sein, diese großen Ringwälle an ihrem Standort zu bauen. Und eine Schnur zwischen Trelleborg und Aggersborg zu ziehen, um damit die Ringwälle entlang einer Geraden zu plazieren, das dürfte allein schon wegen der Erdkrümmung undurchführbar sein.

Welche Möglichkeiten könnte es sonst gegeben haben, und was in aller Welt sollte der Grund dafür gewesen sein, die Wälle in einer geraden Linie anzuordnen? Es klingt ganz unmöglich, daß dies irgendeinen Nutzen hatte. Wenn man aus großer Höhe über der Erde auf die Landschaft hätte herniederschauen können, so erscheint die Ausrichtung der Bauwerke über die große Entfernung hinweg gleich eher durchführbar. Aber das setzt voraus, daß man imstande war, hoch in die Luft zu kommen, daß man imstande war zu fliegen. In diesem Fall könnten diese aufgereihten Anlagen zu etwas Brauchbarem werden, zu einer Art Hauptstraße durch die Luft, einem Luftkorridor oder einer Luftbrücke.

Lassen Sie uns zurück nach Trelleborg fliegen, um noch einmal den Plan zu sehen. Welche Einzelheiten an Trelleborgs Grundriß können uns die Voraussetzungen und die Absicht erkennen lassen, die hinter dieser seltsamen Anordnung gestanden haben können, hinter der einzigartigen Parabel vor Trelleborgs Ringwall und hinter dem großen Kreuz und dem schönen Ellipsenmuster innerhalb des Ringwalles?

TRELLEBORG IM LICHT EINER ANDEREN THEORIE

Türme auf Trelleborg

Just Thiele erreichte Trelleborg im Jahre 1820 nach einer langen und beschwerlichen Reise mit Pferd und Wagen über schmale, holprige Straßen. Die erste Dampfeisenbahn wurde erst 27 Jahre später angelegt, so hatte er nur die Wahl zwischen zwei Übeln: zu Fuß oder zu Pferde. Nun war er endlich angelangt und besichtigte die Wallreste, über die die in der Nähe wohnenden Bauern dem Königlichen Museum für Nordische Altertümer in Kopenhagen berichtet hatten.

Just Thiele vermaß und zeichnete eine Skizze, wie nach seiner Vorstellung der Grundriß ausgesehen haben mußte. In dem nachstehenden Bericht an das Königliche Museum schrieb er:

»Die Bauern erzählen, daß hier ein König Gyde (Gylfe[55]*) gelebt haben soll, daß die Festung neun Türme hatte und daß sie durch einen Brand zerstört wurde.«*[45]

Wenn die Bauern 1820 erzählten, daß es hier ein Bauwerk mit Türmen gegeben hatte, so ist diese Sage unzweifelhaft auf Realitäten gegründet. Die Umgebung ist reich an Ortsnamen, die von Türmen berichten. Wenn man von Norden kommt und in Richtung Trelleborg fährt, trifft man den Namen »Taarnhöj« (Turmhöhe) gerade an der Stelle, an der es von einem Hügel aus möglich gewesen war, Trelleborg zu sehen. Hat man Trelleborg auf südlichem Weg hinter sich gelassen, gelangt man kurz darauf nach »Taarnborg Sogn« [Gemeinde Taarnborg (dt. Turmburg)], wo sich an einer Stelle, die den Namen »Taarnholm« (Turminselchen) trägt, der Hafen von Trelleborg befand.

Die Diskussion darüber, wie die über Trelleborgs geometrischem Muster erbauten Häuser ausgesehen haben können, entwickelte sich zeitweilig sehr heftig, ohne daß man bis jetzt zu einem vernünftigen Ergebnis gekommen wäre. Wenn man statt dessen den Grundriß als den von Türmen ansieht, kommt Sinn in das System, in die starken Säulen in den ellipsenförmigen Fundamenten, in die schrägen äußeren Stützsäulen und in die Gesamtheit des geometrischen Grundrisses.

Bereits bei der ersten Kartierung der Ausgrabung von Trelleborg wurden die Archäologen auf das Phänomen aufmerksam, daß der Kreis der Fundamente außerhalb des Ringwalles auf ganz spezielle Weise angeordnet war. Es war ein Teil eines Kreisbogens mit der Mitte des Ringwalles als Zentrum. Man wurde auf die merkwürdige Tatsache aufmerksam, daß diese Fundamente mit acht starken lotrechten Säulen längs der Seiten ausgestattet waren, im Gegensatz zu den entsprechenden Fundamenten im Innern des Ringwalles, die nur vier dieser Säulen, sogenannte »Suler«, hatten, zwei an jedem Ende der Ellipsen.

Weiterhin unterschieden sich die Fundamente außerhalb des Ringwalles von den anderen dadurch, daß sie kürzer waren. Aber es gab auch noch viele weitere Tatsachen, die es schwermachten, sich vorzustellen, wie diese Häuser ausgesehen haben könnten. Die Stabilität der Dachkonstruktion war nicht ausreichend. Keine bekannte Dachkonstruktion konnte über diesem Grundriß gebaut worden sein, und es gab eine Unmenge Theorien darüber, wie das Dach aufgebaut gewesen sein konnte, ohne daß man damit zu einer vernünftigen Erklärung kam.

Rückt man nun von der Theorie ab, daß es Häuser gewesen waren, die auf diesem aufwendigen Grundriß standen, und betrachtet die Pläne nach der Theorie, die hier keine Häuser, sondern ein sehr hohes Bauwerk annimmt, dann paßt der Grundriß der Fundamente außerhalb des Ringwalles ganz vortrefflich zu dem Aufbau eines Radarschirmes, wie wir ihn von allen großen Flugplätzen kennen, wo er als unentbehrliches Hilfsmittel zur sicheren Navigation der Flugzeuge dient.

Der Grundriß gibt Auskunft darüber, wie dieser Radarschirm ausgesehen haben kann. Er hatte die Wölbung nach innen und aufwärts gebogen, und der obere Rand des Schirmes war in der Mitte niedriger als an den Seiten. Er sah genauso aus, wie man es von einem Radarschirm erwarten kann. Die Pfahllöcher für die schrägen Stützpfeiler außen um die Ellipsen deuten darauf hin. Die Durchmesser der Pfahllöcher sind von den äußeren Ellipsen zu den inneren Ellipsen hin ganz unterschiedlich. Ganz außen sind zu beiden Seiten Pfahllöcher von etwa 40 Zentimeter Durchmesser, und dieses Maß nimmt von Fundament zu Fundament zur Mitte hin ab, wo der Durchmesser auf 20 Zentimeter zurückgeht (Abb. 19 AB).

Das mittlere Fundament hatte überhaupt keine schrägen Stützpfähle, weil der Parabolschirm an dieser Stelle so niedrig war, daß keine Stützpfähle benötigt wurden (Abb. 20). (Ein gleichartig ellipsenförmiger Grundriß ohne schräge Stützpfeiler wurde von Archäologen im August 1988 auf Samsö freigelegt.)

Abb. 19 A: Parabel außerhalb des Ringwalles von Trelleborg mit Abdrücken von dickeren schrägen Stützpfosten auf den äußeren Fundamenten. Durchmesser ca. 40 cm.

Abb. 19 B: Gegen das mittlere ellipsenförmige Fundament hin werden die Durchmesser der schrägen Stützpfosten immer kleiner. Die Pfosten nahe der Mitte haben ca. 20 cm Durchmesser.

Abb. 20: Das mittlere Fundament der Parabel, das links im Bild zu sehen ist, hatte keine schrägen Stützpfosten.

Abb. 21 A: Radaranlage des Luftstützpunktes Thule in Grönland. Teil einer Radarkette, die sich über Island, Grönland und Kanada erstreckt und die Aufgabe hat, Objekte im äußeren Erdraum zu kontrollieren. Der »Hornfeeder« der Parabolantenne ist als Punkt oberhalb der Pfähle direkt links zu erkennen. Der »Hornfeeder« befindet sich auf der Symmetrieachse der Parabolantenne. Foto: H. Willumsen.

Abb. 21 B: Parabol in Trelleborg. Das ellipsenförmige Fundament in der Mitte hat keine schrägen Stützpfähle. Die vier senkrechten Pfähle unter der kleinen Brücke über dem Graben befinden sich auf der Symmetrieachse des Parabols.

Im Inneren des Fundamentes befinden sich jeweils acht kräftige Säulen. Diese sind so angeordnet, daß sie sich gut dafür eignen, einen Radarspiegel zu tragen, ähnlich wie in Abb. 21 AB dargestellt. Hier sieht man bei dem modernen Radarschirm Reihen von senkrechten Stützen, die bis zum oberen Rand des Radarschirmes hinaufreichen. Vergleicht man Form und Grundriß des Schirmes mit einem Luftfoto von Trelleborg, sieht man, daß die Grundrisse identisch sind.

Auf der Fotografie des Schirms ist vor diesem ein großes Haus zu sehen. Es enthält die Elektronik, die mit einem Stab im Brennpunkt der Parabolantenne verbunden ist. Dort ist ein sogenannter Hornfeeder angebracht, wie er bei allen Radar- und vielen Fernsehantennen zu finden ist. Man könnte diesen Hornfeeder auch eine Sende/Empfangsapparatur nennen, die Frequenzen ausstrahlt oder empfängt, die von dem Parabolschirm genau in dem Punkt gesammelt werden, an dem der Hornfeeder montiert ist. Von einem solchen Hornfeeder gibt es auch bei Trelleborg Spuren.

Bei den Ausgrabungen am Graben von Trelleborg suchte man vergeblich nach Spuren von Zugbrücken vor den vier Öffnungen des Ringwalls. Es wurden keine Reste gefunden, die das Vorhandensein von Brücken bestätigen konnten. Man fand jedoch an einer einzigen Stelle im Wallgraben vier große senkrechte Pfahllöcher zwischen Osttor und Südtor, genau in der Mitte des Trelleborger Parabelbogens. Diese Pfähle befanden sich an einer für eine Zugbrücke über den Wallgraben ganz unmöglichen Stelle, nämlich in der Mitte zwischen den Öffnungen des Ringwalles. Man mußte sich damit zufriedengeben, daß aus einem bis heute unerklärlichen Grund die einzige Brücke über den Wallgraben an dieser Stelle gelegen haben muß. Man schuf eine Rekonstruktion dieser Brücke, über die Besucher Trelleborgs spazieren können. Sie tun das auch, gehen jedoch dann nicht durch die Öffnungen im Ringwall, sondern klettern, wie zu erwarten, den Ringwall schräg hinauf — das zeigen die Trampelpfade der Besucher deutlich. Wenn sie erst einmal oben auf dem Ringwall sind, erstaunt sie das schöne geometrische Muster im Inneren und läßt sie die ganz abwegige Lage der Brücke über den Wallgraben vergessen. Die vier kräftigen Pfähle im Wallgraben können nicht zu einer Brücke gehört haben. Die Pfähle sind genau auf der Mittellinie des Parabelbogens angebracht, genau die richtige Stelle für einen Hornfeeder.

Das etwas ulkige Wort »Hornfeeder« bringt vielleicht auch Licht in ein Problem, das die Forscher, die nach den alten heidnischen Heiligtümern suchten, sehr beschäftigt hat. Die klassischen Schriftsteller Thietmar von Merseburg, Adam von Bremen und Helmoldus berichten von Hörnern in den heidnischen heiligen Stätten; eines dieser Hörner, in Lumneta/Aggersborg, soll in einem schrecklichen Zustand gewesen sein. Die alten Geschichtsschreiber gebrauchen die lateinischen Wörter »cornu«, »cornis« und »trecornis«, die alle die Form eines Hornes bezeichnen, zum Beispiel einen Halbmond oder eine gebogene Hafenmole. Das Wort kann auch für Bauwerke, wie das Opernhaus in Sidney in Australien, gebraucht werden. Da man keine brauchbare Erklärung für diese Hörner in den Heiligtümern finden konnte, gab man sich damit zufrieden, daß wohl Tierhörner gemeint waren. Aber im selben Text gebraucht Thietmar von Merseburg die Worte »cornibus bestiarium« für Tierhorn, so daß das andere Horn vielleicht doch etwas in der Art eines Kreis- oder Parabelbogens beschreiben sollte. Niemand konnte zu der Zeit eine Radarantenne mit besseren Worten bezeichnen, und nur die Götter konn-

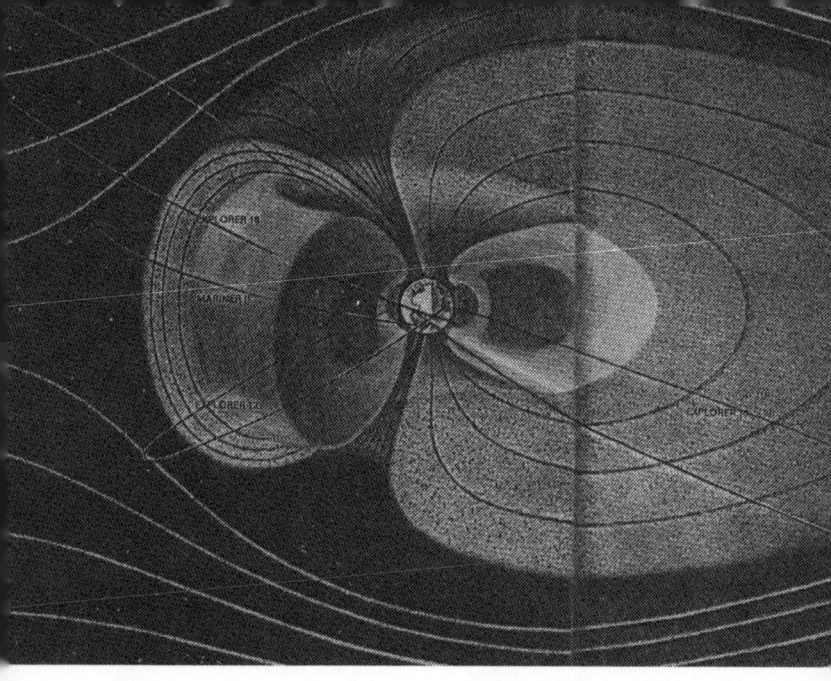

Abb. 22: Die Astronauten verlassen die Erde in dem Winkel, in dem ihnen die geringstmögliche Strahlungsenergie von den magnetischen Feldern um die Pole sowie von dem Van-Allen-Gürtel, der rings um den Erdball verläuft, droht. Aus dem Buch »Mensch und Weltraum«.[52]

ten wissen, wozu ein solch schreckliches Monstrum gebraucht wurde.

Die Richtung, in die Trelleborgs Parabelbogen weist, kennen wir. Kurs Nordwest, über Eskeholm und Fyrkat nach Aggersborg. Dieser Kurs war für die Menschen des Altertums so bedeutsam, daß sie ihn als eine der vier Himmelsrichtungen festlegten, die in Gebrauch waren, bis der Magnetkompaß uns die vier Himmelsrichtungen gab, die heute allgemein gelten. Gemäß der ältesten nordischen Richtungsbestimmung war die Richtung von Trelleborg nach Aggersborg genau Westen, und Norden war ungefähr dort, wo heute Nordost liegt. Dieser Umstand führte bei Forschern, die mit diesen Zusammenhängen nicht vertraut waren, sicherlich zu vielen falschen Schlüssen, als sie versuchten, aus den Richtungsangaben der alten Geschichtsschreiber schlau zu werden.[27]

Wir wenden uns wieder der Gegenwart und der Parabel von Trelleborg zu. Es ist völlig undenkbar, daß die riesige Anlage Trelleborg—Eskeholm—Fyrkat—Aggersborg nur errichtet wurde, um eine Verbindung zwischen Trelleborg und Aggersborg herzustellen. Das war auch keineswegs der Fall: Die Linie nach Nordwesten reicht bedeutend weiter.

Wenn die Astronauten vom Cape Canaveral in den USA aus zu einem Trip in den Weltraum starten, gibt es neben vielen anderen Problemen einen Gesichtspunkt besonders zu beachten: Sie können die Atmosphäre nicht an beliebiger Stelle verlassen, sondern nur auf einem Kurs, der sie in den größtmöglichen Abstand von der Einwirkung der magnetischen Kraftfelder über dem Nordpol bringt, aber gleichermaßen in den größtmöglichen Abstand zu den magnetischen Kraftfeldern des Van-Allen-Gürtels. Er verläuft längs des Äquators um die Erde und erstreckt sich in Richtung Sonne 80 000 Kilometer und auf der entgegengesetzten Seite der Erde 5,6 Millionen Kilometer weit.[52]

Die Astronauten fliegen in der Richtung in den interplanetaren Raum hinaus, in der sie von einem geringstmöglichen Maß an Strahlungsenergie bedroht werden. Und diese Richtung ist identisch mit dem Kurs von Trelleborg über Eskeholm, Fyrkat und Aggersborg und dann hinaus in den Weltraum (Abb. 22).

Interplanetarische Kommunikation, Gravitationsantrieb und verkohlte Feeder

Es gibt ein Detail im Ringwall von Trelleborg, das in keiner Hinsicht paßt — falls man ein Kreuz von 140 x 140 Metern überhaupt ein Detail nennen kann.

Quer über den runden Platz verläuft von etwa magnetisch Nord nach Süd und von Ost nach West ein Riesenkreuz, das aus drei Reihen von senkrechten Pfosten besteht, die durch die Öffnungen des Ringwalles nach außen verlaufen — dort, wo die Brücken gewesen sein sollten, falls es einen Sinn ergäbe, das Kreuz als Straßen zwischen den Toren zu betrachten; doch weder gab es dort Brücken, noch waren dies Straßen.

Auf Fyrkat bietet sich exakt das gleiche Bild, nur ist das Kreuz wegen des geringeren Durchmessers von Fyrkats Ringwall kleiner. Aber es gibt die gleichen drei Pfostenreihen, die ganz ohne Sinn zu sein scheinen. Ein Archäologe, der bei der Ausgrabung von Fyrkat mitwirkte, wurde ebenfalls auf diese Tatsache aufmerksam. Er schrieb:

»Die drei Pfostenreihen in den Zwischenräumen zwischen den Quadranten sind allzu kräftig und zudem überflüssig, weil die quer darüberliegende Balkenlage ebenso gut direkt auf dem Erdboden liegen könnte.«[13, 47]

Abb. 23 A: Das große Kreuz im Ringwall von Trelleborg.

Abb. 23 B: Ein neuzeitliches großes Kreuz, Radiointerferometer Mills Cross bei Canberra in Australien. Aus dem Buch über Astronomie, Quelle Nr. 53.

Es kann sein, daß wir bis nach Australien reisen müssen, um die Erklärung zu finden. Seitdem Weltraumraketen und Satelliten alltäglich geworden sind, hat man mit verschiedenen Systemen versucht, Radiosignale — vielleicht auch von bewohnten Planeten — aus dem Weltraum zu empfangen. Bei den Versuchen, den bestmöglichen Empfang von so weit entfernten Stationen zu erzielen, hat man sogenannte Radiointerferometer gebaut. Im Prinzip bestehen diese aus einer großen Anzahl von Antennen, die in einer Reihe auf Wagen montiert sind, die auf von Norden nach Süden verlaufenden Eisenbahngleisen stehen. Die Schienen bilden ein Riesenkreuz, bei dem jeder Arm mehrere hundert Meter lang ist.[53] Ein solches riesiges Antennenkreuz mit dem Namen Mills Cross wurde in der Nähe von Canberra in Australien gebaut. Vielleicht dienten die drei Reihen dicker Pfosten in Trelleborg als Fundamente für solche Antennenkreuze, die der Aufrechterhaltung der Kommunikation zwischen der Erde und einem Ziel außerhalb der Erdatmosphäre dienten, vielleicht einer erdumkreisenden Raumstation (Abb. 23 ABCD).

Auch die Grundrisse innerhalb des Ringwalls, die aus vier gleichen ellipsenförmigen Figuren in einem großen Quadrat bestehen, passen weit besser zu einer technischen Anlage als zu Vorzeithäusern. Die einzelnen Ellipsen sind wie geschaffen für ein Radioteleskop, denn so erhalten die zwei sehr dicken Säulen an jedem Ellipsenende eine vernünftige Funktion. Das gilt bei einem Haus keinesfalls. Ein Beispiel einer solchen Konstruktion sieht man auf der Fotografie des großen Radioteleskops Jodrell Bank in England. Es hätte auf dem Grundriß einer der Trelleborgellipsen erbaut worden sein können. Unten ist die Stützkonstruktion zu sehen, die man auch bei den »Trelleborgen« vorfindet. An jedem Ende der Stützkonstruktion

Abb. 23 C: Foto von John A. Mulligan. Interferometer Mills Cross, Molongo Radioteleskop in Australien. Ein Kreuz von 300 x 300 Meter Nord-Süd, Ost-West, wie das Kreuz in den »Trelleburgen«.

Abb. 23 D: Foto von John A. Mulligan. Interferometer Mills Cross. Der gleiche Grundriß wie das große Kreuz in den »Trelleburgen«, drei Reihen Pfähle in Kreuzform. Mills Cross mit Betonpfählen, die »Trelleburgen« mit Holzpfählen.

befinden sich die beiden starken Säulen, die die Querachse des großen Schwenkspiegels tragen, und in der Mitte über diesem Parabolspiegel sieht man den kleinen Kasten mit dem Hornfeeder, der festes Zubehör jeder Parabolantenne ist (Abb. 24 AB).

Dies ist jedoch nur ein Beispiel, denn die Türme und Antennen von Trelleborg waren raffinierter aufgebaut als das Teleskop von Jodrell Bank. In der Anlage von Trelleborg waren die Antennenspiegel viel höher angebracht. Ein Beispiel für eine hohe Gitterwerkskonstruktion ist der Eiffelturm in Paris. Er ist aus Stahlprofilen gebaut, aber ein Turm dieses Typs könnte ebensogut aus Holz errichtet werden. Der Eiffelturm hat als Grundriß vier gleiche Fundamente, die ungefähr wie die Ellipsen von Trelleborg im Quadrat plaziert sind. Diese Fundamente tragen die vier geschwungenen Säulen, die zur Spitze des Eiffelturmes emporstreben. Die Quadranten in Trelleborg mit ihren starken Säulen innerhalb der Ellipsen und mit Stützenanordnungen aus schrägstehenden Säulen außen sind für eine solche Konstruktion wie geschaffen. Eine nähere Untersuchung wird sicher ergeben, daß auch die »Suler«, die dicken Doppelsäulen innerhalb der Ellipsen in den Quadranten, schräg gegen die Mitte der Quadranten gerichtet waren. Der Querschnitt dieser Säulen ist nicht kreisrund wie bei einer senkrechten Säule, sondern länglich wie der Querschnitt einer schräg in die Erde gegrabenen Säule (Abb. 25).

Wir haben das Glück, daß unsere heidnischen Vorväter ein kleines Bild dieser Türme hinterlassen haben. Die heidnische Stadt Oldenburg/Haithabu bei Schleswig war Durchgangsort der Reisenden, die aus dem südlichen Europa nordwärts reisten, um die weitberühmten, phantastischen Heiligtümer Lumneta und Rethre zu besuchen. Wie überall, wo man eine Attraktion vorzuzeigen hat, fer-

Abb. 24 A: Radioteleskop von Jodrell Bank in England. Foto: British official photograph, britische Botschaft, Kopenhagen.

Abb. 24 B: Ein Radioteleskop wie von Jodrell Bank kann über einem Grundriß einer Trelleborgellipse errichtet werden, aber die Erbauer der »Trelleburgen« waren noch raffinierter.

Abb. 25: Die doppelten Pfähle, die sogenannten »Suler«, in der Ellipse von Trelleborg sind nicht kreisrund wie die übrigen Pfähle, sondern länglich — so zeichnet es sich auf dem Erdboden ab, wenn die Pfähle schräg stehen.

tigte man auch hier Souvenirs an, die von den Touristen der damaligen Zeit erworben werden konnten: ein kleines Amulett, schlicht in eine dünne Metallplatte geprägt.[48]

Eines dieser Amulette wurde vor kurzem in Haithabu gefunden. Das Motiv auf dem Amulett zeigt eine der Trelleborganlagen, unten ein großes Kreuz und darüber vier schlanke Türme vom Eiffelturm-Typ mit Parabolreflektoren oder Antennen über jedem Turm. Über allem ist das Bild eines großen Vogels zu sehen, der für Flugverkehr über den Türmen zeugt. Das Ganze wird von einem Ringwall umrahmt (Abb. 26).

Die Ellipsen in der Anlage von Trelleborg sind wie geschaffen für den Bau von schlanken Türmen dieser Art. Wie die Türme darauf angebracht sind — zu vieren grup-

Abb. 26: Heidnisches Amulett. Gefunden in Oldenburg/ Haithabu/Hedeby. — Ein Ringwall, vier schlanke Türme mit Antennen an der Spitze, ein großes Kreuz und darüber ein Flugzeug. Foto: Arne Bruun Rasmussens Kunstauktionen.

piert —, könnte den Eindruck erwecken, ihre Funktion sei gewesen, etwas zu heben. Sie wirken irgendwie wie vier aufwärts gerichtete Gebläse. Eine Katapultfunktion der vier Türme hätte einem startenden Raumfahrzeug einen guten Schubs in Richtung Weltraum erteilen können. Es gibt etwas gleichsam Magisches bei der Anzahl der Türme. Wenn wir mit Trelleborg beginnen und davon ausgehen, daß die Archäologen auf Eskeholm eine Anlage analog zu Trelleborg und Fyrkat finden werden, so verhält es sich mit der Anzahl der Türme folgendermaßen: Trelleborg 4 + Eskeholm 4 + Fyrkat 4 ergibt zusammen 12 Türme oder gerade die Anzahl der Türme auf Aggersborg, das vielleicht mit seinen dreimal so vielen Türmen dem Raumfahrzeug den letzten und kräftigsten Schubs hinaus durch die Atmosphäre geben sollte.

Das ist natürlich eine reine Hypothese, deren Realisierung die Lösung des Rätsels Schwerkraft erfordert. Albert Einstein beschäftigte sich kurz vor seinem Tode außerordentlich intensiv mit der Schwerkraft und arbeitete an der Entwicklung einer Graviton-Theorie, einer Schwerkraftwellen-Theorie. Man könnte sich vorstellen, daß die Schwerkraft ebenso wie alle anderen Naturkräfte ihr Gegenstück hat, nämlich eine Auftriebskraft, und daß beide — Auftriebskraft und Schwerkraft — immer in gleicher Stärke auftreten; die Auftriebskraft aufwärts und die Schwerkraft abwärts wirkend. Da aber die Schwerkraft durch die Anziehung der Erdballmasse wirksamer ist als die Auftriebskraft und daher stärker erscheint, konnten wir Menschen bis jetzt nur die Schwerkraft spüren. Die Auftriebskraft dagegen überhaupt nicht. Wenn diese Verhältnisse wirklich vorliegen sollten, so könnte man vielleicht einen Auftrieb von der Stärke der Schwerkraft heraus aus der Erdatmosphäre erreichen. Es müßte dazu gelingen, die beiden Kräfte voneinander zu trennen. Mit der richtigen Ausrüstung, vielleicht einer Anzahl von Umformern, wäre es dann eine Kleinigkeit, tonnenschwere Raumfahrzeuge unabhängig von der Gravitation in den Weltraum zu schicken.

Die vielen Menschen, die sich mit Erfolg im Gebrauch einer Wünschelrute versucht haben, kennen das Phänomen, daß eine Wünschelrute, die zum Aufspüren einer Wasserader verwendet wird, über der Wasserader nach unten ausschlägt, während sie außerhalb der Wasserader nach oben ausschlägt. Möglicherweise verlaufen Wasseradern tief unten in der Erde dort, wo die abwärts gehende Welle der Schwerkraft am größten ist, und vielleicht sind es gerade Schwerkraftwellen, die ein Rutengänger mit Hilfe einer Wünschelrute wahrnimmt. Er spürt somit gar nicht das Wasser in den Wasseradern selbst, sondern lediglich die Kraft, durch die das Wasser an der betreffenden Stelle unten in der Erde plaziert wurde.

Falls sich diese Hypothesen als zutreffend erweisen, dann besteht die akzeptable Wahrscheinlichkeit, daß die Kraft, die Luftfahrzeuge aus der Atmosphäre via Trelleborg, Eskeholm, Fyrkat und Aggersborg herausbefördert haben könnte, umgekehrte Schwerkraft war; denn in den Ringwällen von Trelleborg und von Fyrkat gibt es fünf Punkte, an denen eine Wünschelrute heftig ausschlägt. Die eine Stelle liegt genau in der Mitte des großen Kreuzes der Ringwälle, und die anderen vier Stellen liegen jeweils genau in der Mitte der Quadranten. Eine nähere Untersuchung der Verhältnisse in Eskeholm und Aggersborg könnte diese These bestätigen oder entkräften. Falls eine Wünschelrute an den gleichen Stellen der anderen beiden »Trelleburgen« in gleicher Weise ausschlägt, muß dies eine Spur zur Lösung des Rätsels sein.

Nach einem langen Gespräch mit einem ausländischen Techniker über diese Theorien und Möglichkeiten sagte er plötzlich: »Aber das ist ja der Bauplan eines Tesla-Transformators, den du da gefunden hast!« Nach längerem Suchen in seinen Archiven tauchte unser ausländischer Freund mit einem kleinen Heft über die Schöpfungen eines bestimmten Wissenschaftlers wieder auf, und wir machten zum ersten Mal Bekanntschaft mit dieser Persönlichkeit, die eigentlich weltbekannt sein sollte.[54]

Nikola Tesla, ein amerikanischer Elektroingenieur, in Georgien geboren, wird nach dem Studium in Europa

Mitarbeiter von Thomas Edison, dem Erfinder der Glühlampe, und erweist sich selbst als Erfinder von Format. Wir benutzen täglich Dinge, die Ergebnisse von Nikola Teslas Genialität sind. Eigentlich müßten wir ihn alle kennen. Tesla erhielt 1886 das Patent auf die Erfindung des Wechselstromes, durch den seit dieser Zeit Elektrizität über große Entfernungen transportiert werden konnte. Er erfand 1888 das Prinzip der Elektromotoren mit rotierendem Magnetfeld, 1891 den Tesla-Transformator und trug zur Erfindung von Teilen für drahtlosen Funk und Telegraphie, von Schwingkreisen, Induktionsspulen und Glühlampen bei.

Nikola Teslas enorme Talente führten zu 108 genialen Erfindungen. Jede einzelne von ihnen wurde in den USA patentiert, und Tesla beschreibt diese Erfindungen und ihre Wirkungsweise in seinem Buch »My Inventions«.[114]

Dieser bescheidene und talentierte Mann baute 1890 in Colorado Springs ein Versuchslabor, in dem er eine Methode zur drahtlosen Energieübertragung entwickelte. Mit dieser Methode konnte er 200 elektrische Kohlefadenglühbirnen zum Leuchten bringen, die in einer langen Reihe über eine Strecke von 40 Kilometern mit 200 Meter Abstand voneinander ohne Kabelverbindung angebracht waren.

Experimente in diesem Labor führten im Jahr 1900 zu einer Abhandlung über:

»*Senkrechte Energiewellen, die es uns ermöglichen werden, Resultate zu erzielen, die ansonsten unmöglich sein müßten. Wir werden eine elektrische Welle rund um die Erde senden können; ohne Kabelverbindung, mit jeder beliebigen Geschwindigkeit, von der einer Schildkröte bis zur Lichtgeschwindigkeit.*«

Tesla wurde 1905 folgendes Patent erteilt:

»*US-Patent 787412 vom 18. April 1905, auf Antrag von Nikola Tesla.
Patentbeschreibung: Senkrechte Wellen, die durch einen Apparat die Elektrizität der Erde übertragen*«.

In einer Erklärung, die dem Patentersuchen folgte, steht Folgendes über die Arbeitsweise des Apparates zu lesen:

»*Wenn man mehrere dieser Apparate zur Nutzung der senkrechten Energiewellen auf vorher zweckmäßig ausgewählten Plätzen aufstellt, kann die gesamte Erdkugel in klar abgegrenzten Zonen mit Elektrizität versorgt werden.*«[54]

Nach Teslas Theorie könnte die Naturkraft, die mit diesen Generatoren ausgenutzt werden könnte, für unendlich lange Zeit unendliche Energiemengen liefern, ohne schädliche Nebenwirkungen zu produzieren. Die Energie wäre auch für die Signalverbindung zu anderen Planeten verwendbar.

Nikola Tesla baute einen solchen Generator auf Long Island. Ein noch vorhandenes Bild zeigt einen hohen Turm, dessen Grundriß ebensogut der Grundriß der Trelleborgquadranten sein könnte. An der Spitze des Turmes befindet sich ein großer halbkugelförmiger Kupferschirm. Wenn der Generator in Betrieb war, leuchteten die Luftmoleküle rund um die Turmspitze, die dann in weitem Umkreis zu sehen war (Abb. 27).

Nikola Tesla wurde von einem technischen Magazin darum gebeten, seinen Turm, den er »Magnifying Transmitter« nannte, so zu beschreiben, daß auch die jungen Leser die Wirkungsweise verstehen konnten. Dort kann man lesen:

»*Es ist ein Resonanzumformer mit einem Gegenstück, bei dem die Teile von beträchtlicher Größe und entlang einer bestmöglich gewählten gewölbten Oberfläche von sehr großem Radius mit passendem Abstand zwischen den einzelnen Anlagen angeordnet sind. Er ist bei jeder Frequenz zu gebrauchen, von einigen bis zu vielen tausend Hertz, und kann zur Erzeugung von Energie in riesigen oder ganz geringen Mengen bei kleinen Spannungen benutzt werden. Die maximale Spannung ist nur von der Krümmung der Oberfläche abhängig, auf welcher der gewählte Apparat aufgebaut wurde, und von der Größe des jeweiligen Apparates. Durch Experimente konnte festgestellt werden, daß leicht 100 Millionen Volt erreicht werden können. Es ist ein Resonanzumformer, der, wenn er genau passend zum Erdball proportioniert ist, bei der Erzeugung und drahtlosen Übertragung von Energie höchst effektiv sein wird. Entfernungen werden belanglos, bei der Übertragung tritt kein Energieverlust auf. Die Energie kann drahtlos als Antriebsenergie an jedes Fahrzeug zu Lande, zu Wasser oder in der Luft übertragen oder zur Fernsteuerung dieser Fahrzeuge verwendet werden.*«

An anderer Stelle kann man in Teslas Buch lesen: »*Es ist ein drahtloses System zur Übertragung von Energie und Nachrichten. Rings um den ganzen Erdball installiert, könnte es einen breiten Gürtel mit Energie und Kommunikationsmitteln versorgen.*«

Ein System, das einen breiten Gürtel rings um die Erde mit Energie versorgen könnte? Vielleicht war es gerade ein solches System, das die Kraft erzeugte, mit denen die tonnenschweren Riesensteine für die Pyramiden und andere mächtige Bauwerke des Altertums bewegt wurden.

Die Kraft, der Nikola Tesla auf die Spur gekommen

Abb. 27: Nikola Teslas Generator »The Magnifying Transmitter«, aus dem Buch »My Inventions«, Nikola Tesla, Skolskae Knjiga, Zagreb, Jugoslawien.

war, hat viele Namen: *senkrecht stehende Energiewellen, Tachyonenkraft, Schwerkraft, Gravitation, Anziehungskraft.* Die Kraft ist zweifellos die gleiche, die auch die Rute eines Wassersuchers erdwärts zwingt, und damit die Kraft, die bestimmend für die Lage der »Trelleburgen« war.

Es sieht aus, als wäre Teslas Magnifying Transmitter nach der Formel geschaffen, mit der wir unsere Untersuchungen begannen:

- Absicht = Navigation und Kommunikation
- Voraussetzung = Technik und Energie
- Plan = Bauplan der »Trelleburgen«: Hohe Türme in einer geraden Linie an ausgewählten Stellen auf der gewölbten Oberfläche der Erde

Vielleicht wären Teslas Experimente vollkommen geglückt, hätte man zu diesem Zeitpunkt bereits das interessante Geometriemuster der »Trelleburgen« gekannt und damit die Möglichkeit, Plan und Voraussetzungen weiterzuentwickeln. Außerdem hätte Tesla selbst über die wirtschaftlichen Möglichkeiten zur weiteren Entwicklung der Erfindungen verfügen müssen. Er hätte 100 Jahre später leben müssen, in einer Zeit, in der das scheinbar Unmögliche nicht mehr als unerreichbar angesehen wird.

Hypothesen können ausgezeichnet sein, aber Beweise sind besser, und es sieht fast so aus, als seien die tüchtigen Archäologen bei den Ausgrabungen in Fyrkat durch ihre Beobachtungsgabe und kolossale Gründlichkeit auf Untersuchungsergebnisse gestoßen, die als Beweis gelten könnten. Man stellte in jeder Ellipse jeweils einige ganz bestimmte Pfähle fest, die immer verkohlt waren. Ein Archäologe machte in seinem Bericht an das Nationalmuseum folgende Notizen:

»Freistehende Löcher im Hausinneren. Es gibt sechs Pfähle, die mit der Einrichtung des Hauses in Zusammenhang stehen müssen. 1 und 2, die eigentlichen ›rechtsseitigen‹ Löcher, erwiesen sich als tiefe Gruben mit einem beträchtlichen Inhalt an Holzkohle (warum ist fast immer viel Holzkohle in ausgerechnet diesen Löchern?).«[58]

Die rechtsseitigen Löcher oder, wie man sie bei den Ausgrabungen in Trelleborg nannte, die »üblichen 2 Pfahllöcher innerhalb der Türen«, waren im Gegensatz zu den übrigen Pfahllöchern der Anlage immer verkohlt, enthielten also Holzkohle. Holzkohle entsteht ohne offene Flamme durch Erwärmung von Holz auf etwa 270° Celsius. Diese Pfahllöcher waren also der Einwirkung einer Energie ausgesetzt, die sie auf 270° erhitzte, ohne sie in Brand zu setzen. Sie müssen also eine ganz besondere Bedeutung gehabt haben. Vielleicht ist diese Bedeutung ganz naheliegend und einleuchtend.

Auf der Halbinsel Reersö an der Küste des Großen Belts befindet sich eine riesige Antennenanlage mit der internationalen Bezeichnung »Reera«. Sie verfügt über ein Antennensystem, das es der Radiostation Lyngby ermöglicht, mit Schiffen in Verbindung zu treten, wo auch immer sie sich auf den Weltmeeren befinden. Da sich Kurzwellen geradlinig ausbreiten, müssen diese Radiowellen, um rund um die Erde auf die andere Seite zu kommen, einige gewaltige Sprünge, sogenannte Skip-Längen, von der Erde hinauf zur Ionosphäre vollführen, von der sie mehrmals reflektiert werden. Um sie auf alle möglichen Richtungen einstellen zu können, sind die Antennenanlagen nach einem geometrischen Grundriß gebaut, der fast ebenso ausgefeilt ist wie Trelleborgs Grundriß. Eine Anzahl von Masten ist in einem Rhombenmuster angeordnet, und diese Rhomben sind in einem

Halbkreis aufgestellt. Dabei kann man sich jede beliebige Himmelsrichtung auswählen und sowohl auf der Vorderseite als auch auf der Rückseite der Rhomben senden und empfangen.

In jedem dieser Rhomben gibt es zwei Pfähle, die sogenannten »Feeder«. In einem kleinen Blechkästchen auf jedem Feeder gibt es einen Blitzschutz, der sicherstellen soll, daß die anfallende überschüssige Energie in der Antenne in den Erdboden geht, anstatt sich auf andere Stellen im System auszubreiten. Man könnte den Eindruck gewinnen, daß die verkohlten rechtsseitigen Löcher der Archäologen genau die gleiche Funktion hatten, überschüssige Energie von den Trelleborgtürmen in den Boden abzuleiten. Diese Überschußenergie erhitzte die Pfähle 1 und 2 bis zum Verkohlen (Abb. 28).

Auch Nikola Tesla konnte bei seinem System nicht auf solche »Feeder« verzichten. An einer Stelle in seinem Buch »My Inventions« beschreibt er seine Experimente mit »Magnifying Transmittern« in Gruppen von je vier Türmen, also einer Anordnung, die mit der Plazierung der vier Quadranten im Ringwall der »Trelleburgen« übereinstimmte.

Wenn die Resonanz-Umformer in dieser Weise aufgestellt und auf die gleiche Frequenz eingestellt sowie zur Vervielfachung des Effektes mit unzähligen Leitungen verbunden waren, so arbeiteten sie diagonal paarweise zusammen. Das führte zu störenden Interferenzen. Tesla löste dieses Problem dadurch, daß er jeden Turm mit zwei Erdungen versah! Vielleicht handelte es sich bei Teslas Problem um das gleiche wie bei den zwei Feedern bei der Antennenanlage von Reera? Vielleicht war es das gleiche Problem, das die zwei verkohlten Pfähle in jeder Ellipse der Trelleborganlagen bewirkte?

Wärme ist die Voraussetzung für die Entstehung von

Abb. 28: Moderne »Feeder« in der Funkstation Reera. Ob die verkohlten Pfähle der »Trelleburgen« die gleiche Funktion hatten?

Holzkohle, und Wärme ist auch Überschußprodukt bei Energieerzeugung und Energieverwendung. Betrachten wir einmal die Lage von Atomkraftwerken. Sie werden immer in der Nähe großer Kühlwassermengen angelegt, auch die Standorte der »Trelleburgen« befinden sich immer in der Nähe reichlicher Kühlwasservorkommen; Fyrkat und Trelleborg am Zusammenfluß zweier Wasserläufe, Eskeholm mitten im Meer und Aggersborg am Limfjord — überall gab es Mengen von Kühlwasser. Einer der Trelleborgforscher schrieb, daß die Formgebung des Walles und des Wallgrabens für eine Befestigung ohne sonderlichen Wert war, also ohne Wert für die Verteidigung einer militärischen Anlage, unvollständig und des geometrischen Musters ganz unwürdig. Aber betrachten wir die Wälle als technische Anlagen mit großem Kühlwasserbedarf, so sind sie besonders gut geeignet, das Kühlwasser bei der Anlage im Ringwall zurückzuhalten. Die Wallgräben, die immer quer über das höchstgelegene Gelände verlaufen, sind bestens dazu geeignet, das gebrauchte Kühlwasser zurück in den Wasserlauf und das Meer zu leiten.

Ein solcher technischer Luxus vor langer Zeit wäre nicht ohne ein Wissen entstanden, das technisch und wissenschaftlich, mathematisch und chemisch, ja in jeder Weise auf dem Niveau der heutigen Zeit lag. So war es auch. Wir haben einen Kommentar von kompetenter Seite, der bestätigt, daß die Erbauer höchst ungewöhnlich waren. Der Archäologe Poul Nörlund, der die Ausgrabungen in Trelleborg leitete und später Direktor von Dänemarks Nationalmuseum wurde, schreibt 1948 in seinem Buch »Trelleborg«:

»Es ist eine in allen Einzelheiten vorhergeplante und in einem Zuge errichtete Anlage, nicht nur mit völlig sensationeller Genauigkeit erbaut, sondern auch mit einer Routine, die darauf hindeutet, daß es nicht die erste ihrer Art ist, die diese Leute errichtet hatten. Die Bebauung innerhalb des sehr starken Festungswalles ist von verhältnismäßig leichter Art, in einem Zuge errichtet und augenscheinlich niemals ausgebessert oder umgebaut worden. Das Ganze kann kaum länger als ein oder zwei Menschenalter bestanden haben, vielleicht sogar noch kürzere Zeit. Die geringe Höhe der Abfallschicht deutet in dieselbe Richtung.«

Nehmen wir zuerst den letzten Punkt. *»Das Ganze kann kaum länger als ein oder zwei Menschenalter bestanden haben.«* Diese Überlegung beruht natürlich darauf, daß Holz (das das Material war, von dem es Spuren im Boden gab) gemäß allen Berechnungen des Jahres 1948 in verhältnismäßig kurzer Zeit vergehen mußte. Wir haben jedoch seither Holzimprägnierungsverfahren kennengelernt, die dem Holz eine viel längere Lebensdauer verliehen haben. Bei der Technik, die den Erbauern der »Trelleburgen« zur Verfügung gestanden haben muß, sollte Holzimprägnierung eine einfache Sache gewesen sein. Zu diesem Schluß kam kürzlich auch ein Aggersborgexperte. Der Bibliothekar von Lögstör hat sich, wie viele andere auch, viele Gedanken über diese Riesenanlage nördlich der Stadt Lögstör an der Nordseite des Limfjordes gemacht. Als die Archäologen Trelleborg—Fyrkat—Aggersborg immer weiter in die Geschichte zurückdatierten, begann er darüber zu spekulieren, ob es denkbar sei, daß das verwendete Holz imprägniert gewesen war und auf diese Weise eine viel längere Lebensdauer hatte. Es könnte älter sein, als bisher angenommen wurde.

Der Bibliothekar fand keine Antwort auf seine Frage, aber vielleicht findet sich die Antwort an der ersten Kaistraße im Hafen von Trelleborg. In der hohen Böschung zum Wasser hin wurde vor unendlich langer Zeit ein großes Areal planiert und Material abgegraben, das beim Bau der langen Mole des Hafens von Trelleborg verwendet wurde. Ihr Umriß ist auf einem Luftfoto des äußersten Teiles der Mole, 1000 Meter vom Land entfernt, immer noch deutlich zu sehen (Abb. 29).

Es wurde ein Erdwall zwischen dem ebenen Gelände und der ersten Kaistraße aufgeworfen, und in der ebenen Fläche wurden sechs lange schmale Bassins ausgehoben, alle gleich, ca. 33 Meter lang, 3 Meter breit und mit einem gegenseitigen Abstand von 9 Metern. Die Becken beginnen und enden stumpf, es gibt keinen Auslauf. Soll also Flüssigkeit ablaufen, muß sie abgepumpt werden. Die Bassins sind nicht mehr sonderlich tief, da sie heute mit Humus aus verfaulten Blättern gefüllt sind, aber sie könnten eine archäologische Sensation sein.

Abb. 29: Die äußerste Spitze des Trelleborghafens in 1000 m Entfernung vom Land. Das Auffüllmaterial zeichnet sich durch seine rechtwinklige Form auf dem Meeresgrund ab.

Einer nicht autorisierten Person ist es nicht gestattet, an vorzeitlichen Fundstellen zu graben. Also müssen wir uns damit begnügen, mit unserer Sonde aus Rundeisen, die durch die vielen Vorstöße in die Erde und wieder heraus bereits blank poliert ist, im Erdboden herumzustochern. In der Mitte der Bassins ist der Grund weich bis in zwei Meter Tiefe, aber zwischen den Becken und ringsherum in der gesamten planierten Umgebung stößt die Sonde in 1—2 Metern Tiefe auf etwas Hartes. Vielleicht Mauerwerk der Becken für die Imprägnierung von Baumaterialien für Trelleborg.

Diese Bassins hatten eine direkte Beziehung zum Trelleborghafen. Sie liegen so, daß ankommende Baumstämme auf einem ebenen Gelände abgelegt werden konnten,

Abb. 30: Ein Bassin am Hafen von Trelleborg.

um danach in sechs verschiedene Bäder getaucht zu werden. Zum Schluß wurden sie wieder aus den Bädern gehoben, gerade an der Stelle, an der der Hafenweg nach Trelleborg beginnt. Wer weiß also, vielleicht fand der Bibliothekar von Lögstör ein Goldkorn, als er die Idee mit der Imprägnierung der Materialien für Trelleborg—Fyrkat—Aggersborg hatte. Vielleicht werden ihm Archäologen einmal eine Antwort auf seine Frage geben können und sich dabei dem wahren Zeitpunkt der Errichtung der Trelleborganlage noch weiter nähern (Abb. 30).

Aber betrachten wir eine weitere von Poul Nörlunds Bemerkungen:

»Die Anlage ist nicht nur mit völlig sensationeller Genauigkeit erbaut, sondern auch mit einer Routine, die darauf hindeutet, daß es nicht die erste ihrer Art ist, die diese Leute errichtet hatten.«

Präzision, Routine, Massenproduktion, das sind ganz moderne Begriffe. Wenn wir uns vorstellen, daß 96 riesengroße ellipsenförmige Anlagenteile für die Türme innerhalb der Ringwälle hergestellt werden mußten und 15 Ellipsen einer etwas anderen Form für den »Scanner« vor Trelleborgs Ringwall sowie eine Anzahl von Schwerkraft-Generator-Schirmen vom Tesla-Typ für die Turmspitzen, so konnte das nicht auf freiem Feld bei jedem Wetter geschehen. Es muß mit vorfabrizierten Teilen gearbeitet worden sein, wie man es auch heute bei technischen Massenerzeugnissen tut. So war es auch.

Die Fundamente der Fabrikationsräume sind vorhanden und warten darauf, ans Tageslicht gebracht zu werden. Sie waren in ihrer Ausführung ebenso merkwürdig und fremdartig wie das Ellipsenmuster der »Trelleburgen«.

Das Geheimnis des Waldsees

Schiffe werden auf Hellingen gebaut, die zur Schiffsgröße passen, und wenn sie fertig sind, werden sie in ihrem eigentlichen Element ausgesetzt. Weltraumraketen werden in speziell errichteten Hallen gebaut, die in Größe und Einrichtung zu solchen Fahrzeugen passen, und wenn sie bereit zum Abschuß in den Weltraum sind, werden sie zu den Abschußrampen transportiert. Radaranlagen und andere komplizierte elektronische Geräte werden weit entfernt von der Stelle, an der sie zukünftig ihre

Funktion erfüllen sollen, in Räumen hergestellt, die nach Einrichtung und Ausstattung bestmöglich für die betreffende Fabrikation geeignet sind. Sind die Einzelteile fertiggestellt, werden sie mit Spezialfahrzeugen zu der Stelle transportiert, an der sie aufgestellt werden sollen. Trelleborgs Erbauer verfuhren in gleicher Weise. Sie stellten 111 riesengroße »Ellipsen« nach dem gleichen Prinzip her.

Auf einem Südhang unten am Meer, 6 Kilometer von Trelleborg entfernt und nahe am Hafen von Trelleborg, errichteten sie die Fabrik. Sie hoben Boden aus, schufen einen Ablauf für das Wasser und bauten steinerne Fabrikationsräume halb in die Erde hinein. So war es leicht, eine konstante Temperatur einzuhalten. Größe und Form der Fabrikationsräume stimmten perfekt mit den Ellipsen von Trelleborg überein.

Die Reste der Fundamente stehen jetzt voll Wasser und bilden einen schönen kleinen doppelten Waldsee zwischen den Bäumen. Er ist ganz eigenartig geformt — eine Ellipse, die über einen kurzen gemauerten Zwischengang mit einem Oval verbunden ist. Es ist ein geometrisches Muster, das ebenso akkurat wie das der »Trelleburgen« ist. Der See sieht nicht sehr tief aus. Die Natur hat jeden Herbst die Grundmauern mit herabfallendem Laub und verfaulten Blättern angefüllt, und dieses naturgegebene Material hat eine meterdicke Humusschicht auf den tief unten liegenden gepflasterten Boden getürmt. Wenn der See noch immer unberührt daliegt und darauf wartet, daß die Archäologen ihm seine Geheimnisse entreißen, ist das darauf zurückzuführen, daß König Erich von Pommern, als er Korsör seine Privilegien als Handelsstadt erteilte, die Bürgerschaft von dem alten Fischerdorf Fiskerböderne (Fischerhütten) ausschloß und damit auch von dem See mit den Fundamenten.

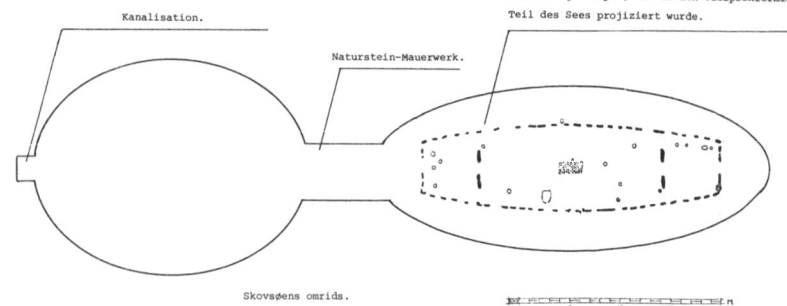

Abb. 31: Skizze des Umrisses des Waldsees im Verhältnis zur Größe einer Trelleborgellipse, die in den ellipsenförmigen Teil des Sees projiziert wurde.

Abb. 32: Auf beiden Seiten des »Verbindungsganges« zwischen den Seen befindet sich Mauerwerk unter Wasser.

Nur der Adel hatte Zutritt zu diesem Gebiet. Deshalb hat sich dort fast nichts verändert, und die Umgebung ist immer noch Privatbesitz, so daß der Zugang nur mit besonderer Genehmigung gestattet ist.

Die zwei verschiedenen Figuren, die den Waldsee bilden — ein Oval und eine Ellipse — können darauf hindeuten, daß hier an diesem Platz zwei verschiedene Modelle hergestellt wurden; in dem ellipsenförmigen Teil des Sees vielleicht die Teile der vielen Ellipsen, die von Trelleborgs geometrischem Grundriß her bekannt sind, und in dem ovalen Teil des Sees vielleicht Schirme vom Tesla-Typ als Turmspitzen.

In der Skizze sind die Form und Größe des Sees eingezeichnet und in den ellipsenförmigen Teil ist eine der Trelleborgellipsen im richtigen Größenverhältnis eingefügt (Abb. 31).

Im ellipsenförmigen Teil des Waldsees befindet sich eine eigenartige ovale kleine Insel, die so aussieht, als ob sie auf dem Wasser schwebe. Vielleicht wächst der Baum, der auf der Insel steht, auf den Fundamentresten unter Wasser, und das Gras auf der Humusschicht, die sich über den Wurzeln des Baumes gebildet hat. In dem Verbindungsgang zwischen den beiden Waldseen ragen noch Fundamentreste aus dem Wasser, und am Ende des ovalen Sees befindet sich ein Ablaufsystem, das unterirdisch zu einem Kanal führt, der südlich des Trelleborghafens in das Korsörhaff mündet (Abb. 32).

Es ist schwer vorstellbar, wer sonst als die Erbauer von Trelleborg auf abschüssigem Gelände am Waldrand am Meer diesen künstlichen See geschaffen haben sollte; der gleiche elegante geometrische Grundriß wie bei den »Trelleburgen«, senkrechte Steinfundamente tief in der Erde und ein gemauerter unterirdischer Abflußkanal hin zu einem gegrabenen offenen Kanal hinaus zum Meer.

Abb. 33: Auf dem Meeresgrund befinden sich in der Nähe der Linie zwischen Aggersborg und Trelleborg Spuren in Flugzeugform.

Hier an diesem Ort können die Elemente für Trelleborg, Eskeholm, Fyrkat und Aggersborg hergestellt und von hier zu den einzelnen Anlagen transportiert worden sein.
Vielleicht wurden sie durch die Luft transportiert, genauso wie Versorgungsgüter und Ausrüstungsgegenstände zu unseren heutigen Ölbohrinseln. Auf dem Meeresboden kann man in der Nähe der geraden Linie zwischen Trelleborg und Aggersborg eine sonderbare Anomalie finden, die nur zu sehen ist, wenn ein Sturm den Meeresboden von losen Pflanzenresten und Schlamm freigespült hat. Das Bild, das dann inmitten des Pflanzenwuchses des Meeresbodens undeutlich zu erkennen ist, könnte bedeuten, daß sich hier auf dem Meeresboden ein verunglücktes Luftfahrzeug mit deltaförmigen Flügeln befindet.

Vielleicht sind die Metallteile durch das salzige Meerwasser längst zu weißem Pulver korrodiert, und vielleicht war es für Muscheln verlockend, sich darauf anzusiedeln, und so bilden sie nun die Flugzeugform. Aber vielleicht ist dieses Flugzeug auch gar nicht aus Metall gewesen, sondern aus einem unbekannten Material, das weder durch Alter noch durch Meerwasser beeinflußt wird. Das werden nur mühsame Forschungsarbeiten klären können. Aber die weißen Konturen auf dem blaugrünen Meeresboden gleichen genau einem havarierten Luftfahrzeug mit Deltaflügeln, mit intakten Höhenrudern und mit einem Seitenruder, das abgebrochen ist und mit der Seite auf der linken Hälfte des Deltaflügels liegt.

Ist es denkbar, daß es eine ganz banale Erklärung für dieses Bild auf dem Meeresboden gibt, ist es eine der vielen Launen der Natur, oder ist es doch der Umriß eines abgestürzten Ufos der Vorzeit? (Abb. 33)

Die Insel des Bischofs — und das Licht der Götter

Wenn dereinst Wissenschaftler, Archäologen, Historiker und andere Forscher anfangen, die Phänomene um die »Trelleburgen« mit anderen Augen zu sehen, so wird zweifellos ein noch nuancierteres, aber vielleicht auch präziseres Bild von den Geschehnissen entstehen, die hinter der Errichtung, Verwendung und Auslöschung dieser großen und unglaublich raffinierten Anlagen des Altertums standen. Bis dahin versuchen wir, eine vernünftige Erklärung für das, was geschehen sein könnte, zu finden.

Wir wissen jetzt, daß die Anlagen als Ringwälle mit ganz eigentümlichen Bauwerken begannen und daß bei zwei von ihnen — Aggersborg und Eskeholm — sich um den Ringwall herum heidnische Ansiedlungen entwickelten, die bei der Einführung des Christentums ausgelöscht wurden.

Berichte darüber, was bei Trelleborg in Westseeland geschah, sind spärlicher, aber es gibt Anzeichen dafür, daß die Entwicklung fast wie in Aggersborg und Eskeholm verlief. Nur entstand die heidnische Ansiedlung nicht um den Ringwall von Trelleborg herum, sondern um die Spuren des Hafens von Trelleborg.

Auch Angaben über Isfar, die uralte und vergessene Stadt, deren Name nur von einem Runenstein im Meer vor dem Standort der Stadt bekannt ist, sind spärlich. Aber aus den Erfahrungen von der Vernichtung anderer heidnischer Städte können wir uns eine Vorstellung davon machen, wie die Stadt verschwand. Wir finden damit vielleicht die Erklärung für das Vorhandensein von einigen primitiven Grabstellen bei den Wällen von Trelleborg.

Bei der Auslöschung von Isfar ging es wohl kaum milder zu als an den anderen Orten, an denen der heidnische Glaube ausgerottet werden sollte. Die Bürger wurden sicher vor die Wahl zwischen Bekehrung und Hinrichtung gestellt. Einige ließen sich bekehren, doch der Rest der Einwohner von Isfar könnte aus dem Fischerdorf geflüchtet sein, entlang der Straße, die von der Küste weg nach Trelleborg führte. Sie könnten über die Brücke des Vaarby-Flusses Zuflucht am Südtor von Trelleborg gesucht haben — ursprünglich der einzige Eingang zum Gelände. Es wird für diese Menschen das Heiligste gewesen sein, das sie kannten: ein Beweis dafür, daß sich ihre Götter einmal an diesem Ort aufgehalten hatten. Sie könnten sich weiter längs des äußeren Ringwalles gehalten und in dem kleinen rechtwinkligen Teil der Wallanlage verschanzt haben, um auf die Hilfe der Götter zu warten oder bis zum letzten Mann zu kämpfen. Hier an dieser Stelle könnten die Verfolger sie dann eingeholt haben. Die Übermacht war zu groß, und alle wurden getötet, damit ihrem starken heidnischen Glauben endlich ein Ende gesetzt wurde.

Die Sieger begruben sie, wie sie gefallen waren. Einige von ihnen, die zu entkommen suchten, liegen nahe am Wall begraben, die übrigen wurden kreuz und quer begraben. Das unregelmäßige Muster, das die Gräber bilden, ist leicht zu erkennen, da sie vor kurzem instand gesetzt wurden. Mehr als 100 Grabstätten — Männer und Frauen, Kinder und Alte — fand man bei den ersten Ausgrabungen, aber keine Grabbeigaben, nicht einmal Waffen. Das waren keine Krieger eines Wikingerheeres, sondern ganz gewöhnliche Menschen.

Die Sieger räumten die Umgebung des Walles von Bauresten, die an den Glauben der Heiden erinnern konnten. Sie änderten den Namen des Gebietes in die übelklingende Bezeichnung Trelleborg um,[104] sie rissen die Brücke über den Wasserlauf ab und unterbrachen damit die einzige Verbindung Trelleborgs zur Umwelt. Sie zogen zurück zum Hafen und rissen die Häuser in der heidnischen Stadt Isfar nieder. Der Grenzwall bei Stengaardsled wurde zum Eisernen Vorhang zwischen Heidenglauben und Christentum. Die Bewohner von Isfar, die die Bekehrung der Hinrichtung vorgezogen hatten, wurden in die Gegend nördlich der Grenze umgesiedelt und errichteten eine neue kleine Siedlung und die sehr große Kirche von Taarnborg — allzu groß für dieses kleine Gebiet auf einer Landzunge an der Küste.

Die neuen Häuser wurden längs des Weges gebaut, der von Stengaards led zur Kirche von Taarnborg führte. Ein altes Schild »Fußweg« zeigt über die Felder an die Stelle, wo der Weg bei der Kirche von Taarnborg endete. Zu bestimmten Jahreszeiten kann man aus der Luft noch die Spuren des alten Weges in einem schönen Bogen von der Kirche über die Felder nach Stengaards led sehen. Man hat vor kurzem Reste dieses alten Siedlungsplatzes ausgegraben und Topfscherben, Werkzeugüberreste und Münzen gefunden, die von den Archäologen in die Zeit um das Jahr 1200 datiert werden, gerade die Zeit nach der Einführung des Christentums in Dänemark.

Zwischen der Kirche von Taarnborg und dem Wasser befindet sich eine alte Schloßruine, über die man nicht viel weiß; man nimmt an, daß sie aus der Zeit der Einführung des Christentums stammt, und nennt sie Marsk Stigs Burg oder Schloß Taarnborg. Vielleicht können wir durch eine alte Ortsbezeichnung für ein kleines Gebiet unterhalb des Schloßhügels einen Hinweis auf den Ursprung des Schlosses erhalten. Das Gebiet trägt noch immer den Namen »Gottschalk«; so hieß einmal eine der unzähligen hübschen kleinen Inseln im Haff von Korsör. Der Name der Insel war immer etwas geheimnisumwoben. Es gibt offensichtlich keine schriftlichen Quellen, die über den Ursprung des Namens Auskunft geben können, aber wenn dieser für eine kleine Insel recht sonderbare Name jahrhundertelang mit dem Ort verbunden blieb, so müssen ihm bedeutende Ereignisse zugrunde liegen.

Vielleicht war die Insel der Wohnort einer der um die Zeit der Einführung des Christentums mächtigsten Personen Seelands, des Fürsten und Bischofs Gottschalk, über den sich viele Angaben bei Adam von Bremen finden lassen.[102]

Möglicherweise erhielt die Insel ihren Namen von diesem Mann, den Adam von Bremen folgendermaßen beschreibt:

»Denn der obenstehend erwähnte Gottschalk, der wegen seiner Klugheit und Tapferkeit gerühmt werden muß, nahm eine Tochter des Dänenkönigs zur Frau und unterjochte die Slawen so gründlich, daß sie ihn wie einen König fürchteten, ihm Steuern anboten und untertänigst um Frieden baten. Unter diesen günstigen Verhältnissen wurde das Slawenland mit Priestern und Kirchen gefüllt. Gottschalk, der ein frommer Mann war, der Gott fürchtete, und auch ein guter Freund des Erzbischofs war, ehrte Hamburg wie eine Mutter. Er pflegte häufig dorthin zu kommen, um Versprechen einzulösen. Im gesamten Slawenland hat es niemals einen mächtigeren oder eifrigeren Verbreiter der christlichen Religion gegeben. Und wäre ihm ein längeres Leben beschert gewesen, wäre es sein Bestreben gewesen, alle Heiden zum Christentum zu zwingen, und er bekehrte auch ein Drittel von denen, die unter seinem Großvater in das Heidentum zurückgefallen waren.«

Dieser Gottschalk war also ein außerordentlich bedeutender Mann mit den Titeln Fürst und Bischof, mit der Macht des Königs und der Kirche hinter sich. Er erhielt seine Ausbildung auf der St.-Ansgar-Domschule in Ramelsloh in Deutschland und wirkte als Missionar in England, bis er eine dänische Prinzessin namens Sigrid heiratete und danach als Bischof von Seeland eingesetzt wurde. Er war Sohn eines heidnischen Fürsten mit dem Namen Mistilaw und Enkel eines Fürsten, der Mistiwoi hieß. Den Namen Gottschalk erhielt er sicherlich vom Erzbischof für seine Dienste für die Kirche.
In Adam von Bremens Manuskript haben wohlmei-

nende Helfer des Erzbischofs sorgfältig alle Ortsbezeichnungen ausgelöscht, die zu den alten heiligen Stätten der Heiden hinführen könnten. Vielleicht ist dies der Grund dafür, daß genaue Angaben über Bischof Gottschalks Aufenthaltsort auf Seeland fehlen, aber das Gebiet kann sehr gut am Hafen von Trelleborg gelegen haben. Das Schloß, auf dem die Fürsten wohnten, kann Schloß Taarnborg gewesen sein, das als Sitz des Regenten gedient haben könnte, bis Schloß Antvorskov erbaut wurde, um für viele Jahre als Königsschloß und Kloster zu dienen.

Die kleine Insel Gottschalk unterhalb von Taarnborgs Schloßruine weist auf der Westseite Spuren einer kleinen Mole und eines Hafens auf. Vielleicht war es der Hafen, von dem aus Gottschalk zu seinen vielen Reisen nach Hamburg startete, um Rechenschaft über seine Fortschritte bei der Bekehrung der Heiden abzulegen.

Bis dieses Gebiet weiter erforscht wird, müssen wir uns mit den vielen Vermutungen, mit Indizien — von denen es ja nur so wimmelt — und mit Beweisen begnügen, von denen nur ein kleiner Teil dem Erdboden entrissen wurde. Wir können jedoch versuchen, uns vorzustellen, wie es kam, daß diese großen Ringwälle mit ihren seltsamen Bauwerken heidnische Heiligtümer wurden. Was war es, das Menschen dazu veranlaßte, ausgerechnet an diesen Stellen große religiöse Gemeinschaften zu bilden? Wer waren die Menschen, die durch ihre bloße Anwesenheit und durch ihre Bauwerke die Menschen am Ort auf eine solche Weise beeindruckten, daß sie schließlich überzeugt waren, daß es Götter und nicht gewöhnliche Sterbliche gewesen sein mußten? Die Vorgänge rund um die »Trelleburgen« müssen äußerst ungewöhnlich gewesen sein.

Sollte man hier auf der Erde Vorbilder finden, dann müßte das bei einem sehr alten Volk mit bedeutenden

Kenntnissen und einer sehr fortschrittlichen Technologie sein, einem Volk, das inzwischen völlig untergegangen ist, ohne die geringste Spur zu hinterlassen. Paradoxerweise weigern wir uns zu glauben, daß in der Vergangenheit einmal eine hochtechnologische Kultur existiert haben könnte, obwohl wir wissen, daß es rings um den Erdball eine Menge von Bauwerken gibt, die kaum von primitiven Vorfahren errichtet worden sein können.

Wo sollen wir das Volk suchen, das die »Trelleburgen« mit ihren geometrischen Grundrissen erbaute? Entweder muß die Erde im Altertum eine technisch hochstehende Kultur entwickelt haben — oder der Erdball hatte Besuch von Wesen aus dem Weltraum! Oder es muß eine dritte Möglichkeit geben, die unseren Horizont übersteigt!

Wollen wir unsere Suche nach den Menschen, die die »Trelleburgen« erbauten, weiter fortsetzen, dann müssen wir uns entweder für die erste Theorie entscheiden — daß es einstmals in der Vorzeit eine hochstehende Zivilisation gab — oder die zweite Möglichkeit wählen — daß sie von außerhalb kamen.

Nachdem Menschen auf dem Mond umhergewandert sind, nachdem die amerikanische Raumsonde Pionier 10 sich jahrelang zwischen fremden Planeten bewegt hat, fällt uns die Vorstellung nicht schwer, daß eine Raumfähre in wenigen Jahren Wissenschaftler von der Erde weit hinaus in den Weltraum bringen wird, um die Umgebung der Erde zu erforschen. Es sollte nicht so schwer sein, sich vorzustellen, daß auch der entgegengesetzte Verkehr möglich gewesen sein könnte oder sein wird — Besuch auf der Erde von aus dem Weltraum kommenden Wissenschaftlern.

Nichtsdestoweniger werden sich viele gegen eine solche Theorie wenden, aber die dünne Theorie von einem technologischen Altertum auf der Erde, mit der wir unsere Untersuchung begannen, brachte uns so viele überraschende Ergebnisse, daß wir wagen, diese Linie weiter zu verfolgen: Die Wahl zwischen Vorzeit-Technik und außerirdischem Besuch in der Vergangenheit der Erde.

Wir wählen die Theorie, daß Besucher aus dem Weltraum kamen, und versuchen uns vorzustellen, was geschehen sein könnte, wenn sie ihr Hauptquartier auf der nördlichen Halbkugel aufgeschlagen hätten: in Skandinavien, in Dänemark.

Die Gegend dürfte nur schwach bevölkert gewesen sein. Vermutlich bestand die Bevölkerung aus Jägern, die entlang der Küste wohnten, wo sie ihre Jagdbeute durch Fische aus dem Meer ergänzen konnten; kleine Gruppen von Menschen, die nur selten auf Fremde trafen, aber alles wußten, was notwendig war, um gerade an diesem Ort zu überleben.

Eines Tages kommt ein fremder Jäger vorbei. Er gibt zu erkennen, daß er in friedlicher Absicht kommt, nimmt an der Mahlzeit der Familie teil, und er erzählt eine seltsame Geschichte, die er überall erzählt hat, wo er gewesen ist, und die überall mit der größten Skepsis aufgenommen wurde. Der Fremde erzählt, daß sich tief im Walde, da, wo sich die zwei Wasserläufe treffen, sehr seltsame Leute niedergelassen haben, die ganz anders aussehen als die einheimische Bevölkerung. Sie hätten helle Haut und strahlende Kleider, und sie beschäftigten sich auf die merkwürdigste Weise. Sie bewegten sich so schnell wie die wilden Tiere, sie flögen herum wie die Vögel, sie stießen wunderliche Laute aus und verbreiteten seltsame Gerüche. Diese merkwürdigen Fremden seien dabei, einen großen Ringwall mit sonderbaren Dingen darin zu bauen. Man könne sich nicht mit ihnen unterhalten, denn ihre Sprache sei so merkwürdig, aber sie seien freundlich und hilfsbereit. Ja, es wird erzählt, daß sich ein Jäger auf der Jagd ein Bein gebrochen hatte und sie ihn mit sich nahmen und das Bein in Ordnung brachten, und jetzt sei das Bein des Jägers so gut wie zuvor. Der Jäger habe erzählt, daß sie das Bein heilten, ohne daß er den geringsten Schmerz verspürte. Das Ganze sei also höchst verwunderlich.

Und was geschieht dann? Allmählich weicht das Mißtrauen der Jägerfamilie der Neugier. Der fremde Jäger berichtet das alles so lebendig. Sollte wohl wahr sein, was er erzählte? Warum sollte man nicht etwas näher an die Stätte heranziehen, von der er erzählte, um zu sehen, ob etwas dran war an dem Gerede.

Gesagt, getan, und als man die Stelle erreicht, zu der sich die Flüsse treffen, traut man kaum den eigenen Augen. Das ist alles ganz unglaublich, ganz unmöglich, ganz unverständlich! Als die Fremden in ihren hellen Kleidern plötzlich an der Seite der Jägerfamilie auftauchen, da schwindet der Mut. Die Jäger zeigen die bei allen Lebewesen, die einer überwältigenden Übermacht gegenüberstehen, natürlichste Reaktion: Sie werfen sich als Zeichen der Demut zu Boden.

Als die Fremden mit allen Mitteln versuchen, sich verständlich zu machen, durch Gestikulieren, durch Zeichnen auf Steine, durch Vorzeigen ihrer Sachen, Kleider, technischen Geräte, Instrumente, Fahrzeuge und der Nahrung, die sie essen, da zweifeln die Jäger nicht mehr daran, daß es Götter sind, die vom Himmel gekommen sind. Die Jäger sehen, wie die Fremden durch die Luft fliegen, sehen sie augenscheinlich Wunder vollbringen. Keine Menschen könnten jemals solche Dinge vollbringen! Es gibt für die Jäger keinen Zweifel, die Götter sind auf die Erde gekommen. Also läßt sich die Jägerfamilie in der Nähe nieder, lernt merkwürdige Sachen zu essen, lernt, mit den Fremden zusammenzuarbeiten, ja einige dürfen vielleicht mit den Fahrzeugen der Fremden mitreisen. Die Überzeugung vom Besuch der Götter auf der Erde ist vollständig.

Als die Fremden wieder abreisen, begründet die Jägerbevölkerung einen gänzlich neuen Glauben, der allmählich große heidnische Gemeinden sammelt. Die Menschen siedeln sich in steigender Zahl bei den großen Ringwällen an, und sie berichten von Generation zu Generation über die geschauten Wunder. Hinterlassenschaften der Fremden gelten als Beweis für die Wahrheit dessen, was die Väter ihren Söhnen erzählen. Mit der Zeit werden die Erzählungen zu einem so vitalen Mythos, daß dieser die Einflüsse der Jahrhunderte überlebt. Nichts kann die Kette unterbrechen, die Sage wird wieder und wieder erzählt, und eines schönen Tages wird die Geschichte in Runen aufgeschrieben und später auf Papier. Die Mythologie ist geschaffen, und sie bleibt auf ewig bestehen.

Hat es sich so zugetragen? So einfach, so raffiniert? Oder wie sonst entstand der unerschütterliche Glaube an die alten Götter, der heidnische Glaube, der so lebensfähig war, daß er über Jahrtausende bestand.

Es gibt noch etwas anderes, was ähnlich den Mythen von Generation zu Generation überliefert wird und so bedeutende Ereignisse festhält. Das sind die alten Ortsnamen. Die wichtigsten Stätten behalten ihre alten Namen bei, noch lange nachdem die Menschen vergessen haben, weshalb der Name entstanden ist. Die Insel Gottschalk ist hierfür ein gutes Beispiel. Man kennt und gebraucht den Namen heute noch, aber man hat vergessen, woher der Name kommt.

Wir betrachten einen anderen Namen, der seltsam und fremdartig klingt, den Ortsnamen Isfar beim Hafen von

Trelleborg. Es gab Theorien darüber, daß, da Isfar doch ein Fischerdorf war, der Name von der Bezeichnung eines Fisches — der Flunderart Ising — abgeleitet sein könnte, die man vermutlich bei Isfar gefangen hat.

Betrachten wir den Namen aus einem anderen Blickwinkel. Die alten Historiker berichteten immerfort von griechischen Schiffen in Dänemark. Man weiß ebenfalls durch Ausgrabungen, daß die Statuen an den großen heidnischen Heiligtümern im griechischen Stil und mit griechischen Buchstaben auf dem Sockel geschaffen wurden. Wäre es denkbar, daß das Wort »Isfar« griechischen Ursprungs ist und auf irgend etwas hinweist? Und wirklich, der zweiteilige Name Isfar/ΙΕΣΦΑΡ kann auch auf griechisch gelesen werden. Der erste Wortteil »Ies« mag sich auf Götter beziehen und der zweite Teil auf Licht. Das Wort kann als »Licht der Götter« gelesen werden.

Die Stadt kann ihren Namen wegen des Lichtes um Trelleborgs Bauwerk erhalten haben, des Lichtes, das der Lichtstadt Lumneta auf Aggersborg und der heidnischen Lichtreligion den Namen gab.

Auch ein anderer alter und merkwürdiger Ortsname ist bis jetzt ganz unverständlich gewesen, der Name der Anlage im Ringwall bei Hobro, Fyrkat *[A. d. Ü.: (dän.) fyr, (dt.) Feuer; (dän.) kat, (dt.) Katze]*. Sieht man diesen Namen mit griechischen Augen und in griechischen Buchstaben, so erhält er eine Bedeutung, die etwas darüber sagt, was für ein Bauwerk es war, das sich einst auf dem geometrischen Grundriß im Ringwall von Fyrkat befand.

Fyrkat behielt den alten Namen, den die Erbauer ihm gaben

Der Ringwall Fyrkat mit seinem geometrischen Grundriß hat keine Spuren in der Geschichte hinterlassen. Vielleicht ist dies auf seine Lage in einer dünnbesiedelten Umgebung zurückzuführen und auf die Tatsache, daß die Anlage Fyrkat aus einfacheren Materialien gebaut war als die übrigen Anlagen. Die Pfostenlöcher im Erdboden zeigen, daß die Baumstämme, aus denen die Anlage errichtet wurde, viel dünner waren als die entsprechenden Holzpfähle in Trelleborg. So ist das Bauwerk vielleicht als erste der Anlagen zusammengefallen und verschwunden. Jedenfalls scheint sich Fyrkat nicht zu einem Zentrum der heidnischen Religion entwickelt zu haben, damit war die Anlage bei der Einführung des Christentums uninteressant. So mußte man keine Anstrengungen unternehmen, um die Erinnerung an Fyrkat auszulöschen oder Fyrkats Namen zu ändern. Fyrkat durfte deshalb als einzige der Anlagen ihren alten Namen behalten, den bisher niemand deuten konnte. Der Name hatte anscheinend weder zur Gegend um Hobro noch zur Sprache oder Geschichte irgendeine Verbindung. Wer konnte sich vorstellen, daß die Erklärung in der griechischen Sprache zu finden ist? Das setzt ja eine Verbindung mit Griechenland voraus, die bisher gleichermaßen unbekannt wie auch unverständlich war.

Eine leichte Sache war es für den Piloten der OY-PRL

1. Aggersborg/Lumneta bei Lögstör[123]
2. Fyrkat bei Hobro[123]
3. Eskeholm/Rethre bei Samsö[123]
4. Trelleborg zwischen Korsör und Slagelse[123]
5. Schleswig[123]
6. Oldenburg/Hochburg/Haithabu/Hedeby[123]
7. Großkreislinie entlang Delphi in Griechenland und Aggersborg in Dänemark[123] (Abb. 67)

Abb. 34: Lage der Ringwälle entlang der Großkreislinie.

nicht, in die griechische Sprache einzutauchen. Der erste Blick in ein griechisch-dänisches Wörterbuch war ein verwirrendes Erlebnis. Es mußte ein Blitzkursus in Altgriechisch bei Theodosia her, einer der schönen Töchter Griechenlands, die schnell und unverzagt begann, die Funktion der griechischen Sprache zu erklären. Die Sprache ist wie Mathematik aufgebaut, die Beträge können umgeordnet werden und behalten trotzdem ihren Wert, oder anders gesagt: Die Konsonanten der Sprache können vertauscht werden, ohne daß die Wörter hierdurch ihre Bedeutung verlieren. Das ist gar nicht so leicht in den Griff zu bekommen, und hinzu kommt, daß für einen Nordeuropäer fast alle griechischen Buchstaben fremdartig und unverständlich sind. Aber es zeigt sich, daß es der Mühe wert ist. Das Wort Fyrkat sieht im Griechischen so aus: ΠΥΡΓΟΣ

Wenn man dieses griechische Wort in mehrere Wörter und Bedeutungen aufteilt, so können die ersten drei Buchstaben als *»Feuer«* oder *»Licht«* gelesen werden. Wenn der vierte Buchstabe mit einbezogen wird, so bedeutet das Wort *»Ringmauer mit Turm«*, während die beiden letzten Buchstaben in dem griechischen Wort die griechische Maskulinendung sind. Vielleicht wurde der Klang dieser zwei Buchstaben im Laufe der Jahre zu *»at«* in Fyrkat, oder vielleicht ist die Erklärung in Verbindung mit dem griechischen Buchstaben T zu finden, der die Bezeichnung für *»technisch«* ist.

Auch die Lage von Fyrkat im Onsild-Flußtal deutet auf Feuer hin. Das Wort Onsild ist eine Zusammenziehung von Odins ild (Odins Feuer).

Es sieht so aus, als ob Fyrkat sowohl durch seinen Namen als auch durch seine Lage im Onsild-Flußtal Hinweise darauf gibt, was für ein Bauwerk es war, das im Ringwall von Fyrkat auf dem von allen »Trelleburgen« her bekannten geometrischen Grundriß erbaut wurde.

Es war eine Konstruktion mit einem leuchtenden Turm, einem Feuerturm, eine technische Anlage mit Feuer, Wärme und Energie — der Energie, die die »rechtsseitigen Löcher« in den Ellipsen zum Verkohlen brachte; der Energie, die so stark leuchtete, daß die heidnische Religion den Namen »Lichtreligion« erhielt; der Energie, die bei Trelleborg leuchtete, so daß sie dem Fischerdorf Isfar/Götterlicht seinen Namen gab, und der Energie, die so stark leuchtete, daß die heidnische Hauptstadt bei Aggersborg den Namen Lumneta/Lichtstadt erhielt wegen des *»Olla vulcani«*, Vulkankessel, der auch »griechisches Feuer« genannt wurde. Es war ein Ringwall mit einem leuchtenden Bauwerk, daher wurde die Stätte noch Jahrtausende später mit ihrem alten Namen Luxsted/Lichtstätte bezeichnet.

Der Name Fyrkat war griechisch, der Name Isfar war griechisch, Lumneta war von Griechen bewohnt, es wurde über die Abfahrt von Rethre auf Eskeholm nach Griechenland berichtet, die antiken Geschichtsschreiber waren der Meinung, daß die Ostsee direkt nach Griechenland führte. Da muß es einen Zusammenhang geben!

Wenn wir jetzt einen Globus zu Hilfe nehmen, um die Lage Griechenlands im Verhältnis zu Dänemark zu betrachten, sehen wir, daß Aggersborg, Fyrkat, Eskeholm und Trelleborg nicht nur in einer Reihe liegen; sie liegen ebenfalls auf einer Linie mit einem weiteren weltberühmten heidnischen Heiligtum, dem Orakel von Delphi (Abb. 34 u. 67).

Eine solche gerade Linie entlang der Kugelgestalt der Erde wird Großkreis genannt. Das ist die Bezeichnung für den kürzesten und direktesten Weg von Punkt zu Punkt über die gekrümmte Erdoberfläche. Das beginnt einem Muster zu gleichen, das sich als ganz phantastische Ausweitung des Planes von Trelleborg mit seinen bereits enormen Ausmaßen erweisen könnte.

GRIECHEN, SAGEN, MYTHOLOGIE — BILDER DER VORZEIT

Die »Trelleburgen« in Griechenland

Der Parabelbogen von Trelleborg war der Schlüssel zu einem Füllhorn von Entdeckungen, und die Formel

»Absicht + Voraussetzungen = Plan«

half uns, auf der Spur zu bleiben. Machen wir jetzt noch einen Schritt weiter, von der Voraussetzung ausgehend, daß die Anlagen von Bewohnern eines fremden Planeten erbaut wurden, die aus dem Weltraum kamen. Sie flogen wieder fort, nachdem sie ihre Aufgabe erfüllt und nachdem sie enorme Veränderungen im Leben auf der Erde und bei der Entwicklung, Kultur und Religion der Erdbewohner bewirkt hatten.

Für den, der akzeptieren kann, daß es so war, eröffnet sich eine gewaltige Menge an Beweisen. Beobachtungen, die von Forschern gemacht, aber nicht verstanden wurden, werden auf einmal einleuchtend. Mythologien und Sagen werden zu historischen Tatsachen, und es wird verständlich, warum die Grundlage unseres heutigen Wissens über Astronomie, Mathematik und Geometrie ausgerechnet in Griechenland entstand. Die Geometrie wurde in Griechenland so populär, daß man sowohl Kunstgegenstände als auch Gebrauchsartikel mit Ellipsen, Kreuzen und rechten Winkeln schmückte, so wie man sie auch in den Grundrissen der »Trelleburgen« findet. Sie entwickelte sich sogar zu einer eigenen Kunstform, dem »geometrischen Stil«, der über lange Zeit in Mode war.

Wenden wir uns wieder der Raumfahrt zu, die durch die Offenheit der Amerikaner jedem durch das Fernsehen bekanntgeworden ist. Man weiß heute, wie eine Landung auf dem Mond oder einem fremden Planeten abläuft. Man kommt aus dem leeren Weltraum und tritt in eine elliptische Bahn um den Planeten ein, auf dem das Landefahrzeug abgesetzt werden soll. Zu passender Zeit und am gewünschten Ort wird das Landemodul — das wie ein halbes Ei geformte Vorderteil des Raumfahrzeuges — abgeschossen, und dieses geht im geeigneten Anflugwinkel durch die Atmosphäre nieder. Bei der Landung setzt es auf drei Beinen auf dem unbekannten und vielleicht unebenen Grund auf, eine Leiter wird ausgefahren, und die Landung findet statt.

Das große Raumfahrzeug über der Stratosphäre setzt seine Umkreisung in gleicher Bahn fort, überfliegt bei seinen Runden regelmäßig direkt die Landungsstelle, und auf gleiche Weise überfliegt es fortwährend im wesentlichen immer die gleichen Gebiete um den ganzen Planeten herum. Dadurch erhält seine Besatzung ganz spezielle Kenntnisse über Geographie und Lebensmöglichkeiten gerade in diesen Landstrichen.

Das Raumschiff, das die Erbauer der »Trelleburgen« absetzte, muß seine Umlaufbahn über Aggersborg und Trelleborg gehabt haben, und wenn man eine sogenannte Großkreislinie rund um die Erde in genau dieser Richtung zieht, so erhält man die Erklärung für die Vormachtstellung, die die weitentfernt beheimateten Griechen des Altertums im Norden einnahmen.[22] Das

Raumschiff überflog auf seiner Route bei jeder Umkreisung sowohl Griechenland als auch Dänemark. Mit der Hypothese, daß man längs dieser Route eine Reihe von Bahnverfolgungsstationen errichtet hatte, wie auch die heutigen Bahnverfolgungsanlagen rund um die Erde plaziert sind — auf Grönland, in Australien, in England, in Amerika, Bahnverfolgungsanlagen mit Technikern und Servicepersonal, mit Parabolantennen und mit Türmen, mit Überwachungs- und Kommunikationseinrichtungen —, ergibt sich eine vernünftige Erklärung der Vorgänge und Zusammenhänge in der Mythologie und Geschichte, die bis jetzt gänzlich unerklärlich waren.

Betrachten wir nur einmal eine kleine Auswahl unter einer überwältigenden Menge von Beispielen. In der griechischen und nordischen Mythologie findet man hervorragende Berichte über Weltraumkreisbahnen.

- Griechisch: *»Okéanos war der Ursprung der Götter, er strömte in ewigem Kreislauf rund um die Erde.«*[61]
- Dänisch: *»Die Midgaardschlange ... umspannte die ganze Erde und konnte sich selbst in den Schwanz beißen.«*[80]
- *»Frey wagte sich hinauf in Odins Hochsitz... obwohl das ein Sakrileg war, wollte er doch wissen, wie es war, wenn man die ganze Welt überschauen konnte.«*[81]

Okéanos/Wodan/Odin war mit Thetys/Freya/Frigg verheiratet, aber: *»Er gab das Zusammenleben mit ihr auf und war immer im Kreislauf um die Erde.«*[61]

In Griechenland entstand das große weltberühmte Orakel von Delphi. Das Orakel befand sich in *»einem dreibeinigen Stuhl«*[62], der, wenn das Orakel in Betrieb war, manchmal übelriechende Rauchwolken zur Erde hin ausstieß. Dieses Orakel konnte alle Fragen aus jedem

Zweig der Wissenschaft beantworten, auch über Astronomie, Mathematik und Geographie, was den Griechen eine ganz unglaubliche Expansion ermöglichte.

Was soll dieses Orakel anderes gewesen sein, als ein Monitor in einem Landefahrzeug mit dreibeinigem Gestell mit Verbindung zum Hauptcomputer im Raumschiff mit Okéanos, das in seiner Bahn die Erde umkreiste.

Zur gleichen Zeit entstand 250 Kilometer nordwestlich von Delphi ein weniger bekanntes, aber ebenso leistungsfähiges Orakel — das Orakel von Dodóna in Epirus. Dieses Orakel, das ebenfalls Antwort auf jede Frage wußte, erhielt seine Informationen aus sogenannten »Kupferbecken« in der Krone einer Eiche[106] und aus dem Plätschern des Wassers am Fuße des Baumes. Die Beschreibung trifft gut auf einen Turm aus Eichenholz mit Antennen oder Parabolschirmen aus Kupfer auf der Spitze und einem Kühlwasserzulauf zu. Es gibt von diesem Orakel in Funktion ein Bild. Das Bild stammt aus einem Altertumsfund und befindet sich auf einem Goldring mit ellipsenförmiger Platte. Auf dem Bild sieht man die »Große Mutter« mit einigen lautsprecherähnlichen Apparaten in einer Hand im Schatten eines Baumes sitzend. Diese Apparate sind auf einem Mast mit etwas wie vier Parabolantennen gerichtet — vielleicht die sogenannten »Kupferbecken«. Oben links im Bild befindet sich eine kleine Figur, die mechanisch wirkt, vielleicht ein Roboter. Oben in der Mitte des Bildes stehen Sonne und Mond, vielleicht ein Hinweis darauf, daß das Orakel seine Informationen von oben her empfing (Abb. 35).

Die Indizien häufen sich, und falls die Orakel in Delphi und Dodóna ursprünglich von denselben Erbauern errichtet wurden wie die »Trelleburgen« in Dänemark, in einem Kreis, nach einem geometrischen Plan, mit ver-

Abb. 35: Das Orakel in Dodóna. Motiv von einem Goldring. »Die Große Mutter« sitzt unter einem Baum und hält einige Apparate in der Hand. In Bildmitte befindet sich ein Mast mit Parabolantennen. Oben links eine kleine mechanische Figur. Aus dem Buch »The ancient Dodóna«.

fügbarem Kühlwasser und abseits gelegen, fern der großen bekannten Hauptstraßen, so müssen Spuren, vielleicht sogar Beweise, in Griechenland zu finden sein.

Wir gehen wieder in die Luft, diesmal mit Olympic Airlines, die uns in drei Stunden auf der Großkreislinie, die in der Richtung Aggersborg—Fyrkat—Eskeholm-Trelleborg-Delphi verläuft, nach Athen bringt.

In Athen erfahren wir schnell, daß zumindest Übereinstimmungen bei der Lage der dänischen »Trelleburgen« und der beiden griechischen Orakel bestehen. Alle befinden sich weit entfernt von den Hauptstraßen an einsam gelegenen und schwer zugänglichen Stellen; Delphi hoch in den Bergen, 185 Kilometer von Athen entfernt, und Dodóna 250 km weiter in den bis zu 3000 Meter hohen griechischen Bergen im Landesteil Epirus.

Erstes Ziel unserer Forschungsreise wird das Orakel in Delphi. Ein gemietetes Auto bringt uns in fünf Stunden hinauf zu dem Punkt am Rande des Bergmassivs Parnassos, zu dem ein kleines Schild »ΔΕΛΦΟΙ (Delphi)« und eine Erweiterung des Gebirgsweges uns sagen, daß hier das Orakel von Delphi zu suchen ist. Als wir auf dem Weg stehen, werden Zweifel wach. Wenn man hinunterschaut, fällt der Blick auf den strömenden Fluß tief unten im Tal, und wenn man bergauf blickt, gibt es anscheinend nur eine steile Bergwand. Wie sollte an dieser Stelle eine große runde, waagrecht gelegene »Trelleburg« errichtet worden sein?

Eine schmale Treppe windet sich weiter bergauf, kurz darauf weitet sich das Gelände und offenbart ein großes, hübsches Museum, in dem Funde aus Delphi aufbewahrt werden. Wir kaufen Billets, nach griechischer Sitte auch ein Billet für den Fotoapparat, und ein Buch über Delphi. So ausgerüstet finden wir einen Platz im Schatten eines Baumes und beginnen mit der Auffrischung unserer Kenntnisse über die Geschichte Delphis.[100] Schnell wächst unser Optimismus, denn das Buch berichtet:

»Das kristallklare Wasser aus der Katalinischen Quelle fließt in reichlicher Menge aus der Schlucht oberhalb von Delphi hernieder.«

Es steht also ausreichend Kühlwasser zur Verfügung.

Das Buch berichtet weiterhin:

»Rings um das Orakel von Delphi entstand ein großes heidnisches Heiligtum mit Apollon als wichtigstem Gott. In den Jahren ab 1600 vor unserer Zeitrechnung entwickelte sich hier das geistige und kulturelle Zentrum des antiken Griechenland. Die Lehren der medizinischen Wissenschaft und der Logik entstanden an dieser Stelle. Apollon wurde Phoibos genannt, das bedeutet: ›Der Leuchtende‹«.

Apollon war also der Gott der Lichtreligion, die den heidnischen Städten in Dänemark Lumneta/Aggersborg und Isfar/Trelleborg die Namen gab.

Apollon hatte ganz spezielle Fähigkeiten. »*Er wußte alles über den Kosmos*«, er kannte also die Geheimnisse des Weltraums, und Apollon wußte auch, »*wie man sich aus dem Griff der Materie freimacht*«. Hier sind wir bei einem Phänomen angelangt, das aus der Science-fiction bekannt ist. Eine Person läßt sich auflösen und befindet sich gleich darauf an einem ganz anderen Ort; ein Thema, über das Albert Einstein eine Theorie entwickelte: die Theorien über die Umwandlung von Masse in Energie.

Apollon wußte auch, wie man Albert Einsteins Zeitfaktortheorie in der Praxis nutzen konnte. Das ist die Theorie, nach der man nicht altert, wenn man sich mit Lichtgeschwindigkeit bewegt. Man ist also, wenn man nach einer Reise mit Lichtgeschwindigkeit durch den Weltraum an den Ausgangspunkt zurückkehrt, so alt wie bei der Abreise, während alle Zurückgebliebenen in der Zwischenzeit gealtert oder bereits gestorben sind.

»*Apollon reiste jedes Jahr von November bis Februar fort. Er reiste zu den Hyperboräern, wo es keine Krankheit gab und wo die Menschen ewig jung blieben.*«

Er kam im gleichen Alter zurück, während die Zurückgebliebenen inzwischen älter geworden waren, gemäß Einsteins Zeitfaktortheorie.

In den Monaten, in denen Apollon abwesend war, war das Orakel nicht in Funktion. Das Orakel, das sonst auf alle Fragen eine Antwort hatte, muß ein Computer in Apollons Raumfahrzeug gewesen sein; wenn Apollon fortreiste, verschwand der Computer aus der Gegend. So war das Orakel außer Betrieb, bis er wieder mit Raumfahrzeug und Computer zurückgekehrt war.

Die Gelehrten wurden sich nie darüber einig, woher Apollon gekommen war. Einige meinten, daß er aus Asien kam, und andere vertraten die Ansicht, daß er aus dem Norden stammen müßte. Es war nicht leicht, auf den Gedanken zu kommen, daß er von oben gekommen sein könnte. Das Wort Hyperboräa könnte einen fremden Planeten bezeichnen, selbst wenn man weiß, daß unser Wissen über Astronomie aus Griechenland stammt. Es ist wahrscheinlich, daß das Wort Hyperboräer einen Fingerzeig darauf geben könnte, von wo die Fremden zur Erde kamen. Ganz sicher wird das nicht jedermann ausrechnen können, aber ein Team von Astronomen und Mathematikern müßte der richtigen Antwort nahekommen können. Das Wort »*hyper*« wird im Griechischen in mehreren Verbindungen gebraucht. Eine von ihnen ist das Wort »*Hyperboloíde*«. Es bedeutet: »*Eine gekrümmte Fläche, deren Schnittlinien mit ebenen Flächen Hyperbeln, Ellipsen oder Parabeln sind*«. Das hört sich nicht allzu verständlich an, aber es hat mit elliptischen Kurven zu tun. Es ist bestimmt einleuchtend, daß Apollon zu dem Zeitpunkt heimreiste, zu dem die Erde seinem Heimatplaneten am nächsten war.

Das Buch über Delphi[100] berichtet, wie alles begann, was in den Hunderten von Jahren geschah, in denen das

Orakel existierte, und wie alles endete. Kurz gesagt übernahmen Menschen die Funktion des Orakels, als Apollon nicht mehr anwesend war. Die Antworten des Orakels waren nicht mehr präzise, sondern zweideutig, so daß sie unter allen Umständen zutreffen mußten. Der Glaube an das Orakel hielt sich, und wer eine Antwort des Orakels suchte, legte ein Vermögen an Abgaben in die Kasse des Orakels. Schatzkammern, Tempel, Amphitheater und Denkmäler wurden erbaut. Das fand sein Ende, als das Christentum eingeführt wurde. Ein Dekret Theodosius des Großen verbot die Verehrung der heidnischen Götter und des heidnischen Heiligtums. Das war das Ende des Orakels von Delphi. Man ging in der gleichen Weise vor, die wir aus Adam von Bremens Beschreibung der Auslöschung der heidnischen Heiligtümer kennen. Die restlichen Bauten und Denkmäler wurden zerstört, die ganze Gegend in Bann gelegt, und die zurückgebliebenen Einwohner wurden umgesiedelt, um in der neuen Religion unterwiesen zu werden.

Wir fahren fort mit unserer Erforschung des Orakels von Delphi. Zuerst hinein ins Museum und die Treppe hinauf, wo wir im ersten Raum lange Friese mit Figuren — Götter im Kampf gegen Giganten — finden. Diese Geschichte kennen wir auch aus der nordischen Mythologie, nur waren es dort Asen im Kampf mit Riesen. Die Vorgänge, die auf den Friesen beschrieben sind, waren im Norden und in Griechenland vollkommen identisch.

Der nächste Raum tilgt für uns jeden Zweifel, der über diese phantastischen Vorgänge in der Vergangenheit noch bestehen könnte: An der Wand hängt eine riesengroße runde Bronzeplatte, die in Delphi gefunden wurde. Ähnliche Platten wurden auch an anderen Orten gefunden; ein paar in Nordeuropa und einige auf Zypern, Kreta und in Syrien, alle in der Nähe der Großkreislinie.

Abb. 36: Museum in Delphi. Eine sehr große runde Bronzeplatte mit dem Sonnensystem. In der Mitte die runde Sonne und ringsherum die Bahnen der sieben innersten Planeten. Quer dazu der Planet Ikarus.

Die große und teilweise guterhaltene Bronzeplatte zeigt die Abbildung unseres Sonnensystems. In der Mitte die große runde Sonne und darum herum sieben Ringe in unterschiedlichen Abständen. Der Sonne am nächsten und mit dem geringsten Abstand voneinander sind die Umlaufbahnen des Merkur, der Venus, der Erde und des Mars, und weiter außen, mit größerem Abstand voneinander, wie das auch in Wirklichkeit der Fall ist, die Planeten Jupiter, Saturn und Uranus. Die Ringe für die beiden äußersten Planeten im Sonnensystem, Neptun und Pluto, sind nicht angegeben. Vielleicht lagen diese unendlich weit entfernt liegenden Planeten außerhalb des Interessenbereiches. Ungefähr von der Umlaufbahn des Mars zur Mitte hin gibt es auf der Bronzescheibe zwei spitze Winkel. In den nordeuropäischen Ausgaben waren es zwei geschwungene Bögen oder Teile von Ellipsen zur Mitte hin. Vielleicht stellt dies die Bewegung des Kleinplaneten Ikarus dar, des einzigen Planeten, der sich nicht in einer zu den übrigen Planeten parallelen Bahn bewegt, sondern in einer zu ihnen diagonalen Bahn, vom Gebiet außerhalb der Marsbahn bis zum Gebiet innerhalb der Merkurbahn. Die Geheimnisse des Sonnensystems waren im Delphi der Vergangenheit wohlbekannt. Kein Wunder, daß die Grundlage für unser Wissen über Astronomie aus Griechenland kommt (Abb. 36).

Auch Fliegen war kein unbekannter Begriff. Der nächste Raum im Museum von Delphi wird von der Statue einer schönen jungen Person auf der Spitze einer Säule beherrscht. Sie hat ein leuchtendes, intelligentes Gesicht, der Oberkörper ist vornehm gekleidet, sie hat die Beine eines Löwen und auf dem Rücken große, eindrucksvolle Flügel. Dies ist vermutlich eine Darstellung von Apollon selbst; zu Lande schnell wie ein Löwe und in der Luft leicht wie ein Vogel. Man wird sich damals kaum geirrt haben, man wußte, daß man sich mit Hilfe der Beine über die Erde bewegt und mit Flügeln in der Luft.

Auch in den Vitrinen gibt es Erinnerungen an das Fliegen. Eine kleine Büste einer jungen, vornehm gekleideten Dame hat Flügel und einen Vogelschwanz, und an einer anderen Stelle gibt es eine kleine Bronzefigur, die mit erhobenen Händen einen Gegenstand über dem Kopf trägt. Der Gegenstand wird im Museum als Weihrauchfaß bezeichnet, aber es ist nicht leicht zu verstehen, wozu ein solches mit einem perfekten Zahnradkranz und mit Abgasflammen versehen sein sollte. Ob das nicht eher die Auffassung eines Künstlers vom Orakel in Delphi mit seinem für die Menschen der damaligen Zeit unverständlichen mechanischen Aufbau ist (Abb. 37)?

Es könnten zweifellos noch viele weitere Spuren der gleichen Art gefunden werden, aber wir beenden den Museumsbesuch hier und begeben uns weiter den Berg hinauf, in unserer Suche nach dem Ort, an dem eine »Trelleburg« gelegen haben könnte. Wir gehen weiter an dem großen Apollontempel und vielen anderen Ruinen vorbei und die vielen Treppen des Amphitheaters hinauf, von hier weiter den Berg hinauf, um uns von oben einen Überblick zu verschaffen. Und von hier, hoch über Delphi, sehen wir, daß der Platz mit dem Amphitheater und dem Apollontempel ursprünglich rund war, eingehauen in die steile Felswand, bis dort ein Plateau entstand, das ausreichend groß war, um einer »Trelleburg« Platz zu bieten. Und nicht genug damit, sieht man von hier oben eine ganze Reihe von gemauerten Bassins, jetzt ohne Wasser, weil das Wasser aus der Bergschlucht jetzt in Röhren gefaßt ist, um die Vernichtung der Ruinen von Delphi durch Überschwemmung zu verhindern. Die Bassins sind aus Stein gebaut, jeweils ein Bassin über dem anderen. Hier wurde das Wasser gesammelt, das aus der darüberliegenden Bergschlucht zufloß, damit auch in der Trockenzeit reichlich Kühlwasser zur Verfügung stand.

Es ist nicht nur der runde Platz als Delphis erster Grundriß, der darauf hinweist, daß Trelleborg und Delphi gleichen Ursprungs waren. Sowohl in Delphi als auch in Trelleborg fing man mit vier Bauwerken an. In Trelleborg mit den vier Bauwerken, die in den Quadranten des geometrischen Grundrisses errichtet waren, in

Abb. 37: Aus dem Buch »Das Museum von Delphi«.[100] Ein sogenanntes Weihrauchbecken mit Zahnrad und mit herauslodernden Flammen.

Delphi mit vier Bauwerken, die zu vier heidnischen Tempeln wurden. Sie schmolzen bei einem Brand, darauf begann man mit der Errichtung der vielen verschiedenen Tempel, deren Reste man heute in Delphi findet. Die vier Bauwerke, aus denen Delphi anfänglich bestand, sind durch den griechischen Lyriker Pindar beschrieben worden, der vor etwa 2500 Jahren in Theben, östlich von Delphi, wohnte.

Pindar nennt vier Tempel, die in Delphi standen, bevor die Stätte weltberühmt wurde. Einer war aus Lorbeerholz gebaut, ein anderer, der nicht näher beschrieben wurde, war ein Geschenk von Apollon an die Hyperboräer, ein dritter war aus Bronze und von Hepháistos gebaut worden, und ein vierter war Trophonios geweiht. Pindar wußte auch, wie die Bauwerke verschwanden: »*Sie schmolzen bei einem Brand.*«[98]

Wenn die vier Bauwerke schmolzen, müssen bei dem Brand hohe Temperaturen geherrscht haben. Sie hatten vielleicht die gleiche Ursache wie die, welche die Pfähle in den »rechtsseitigen« Löchern auf Fyrkat verkohlen ließ.

Der runde Platz, vier Bauwerke, Wärme, Kühlwasser und Feuer, heidnisches Heiligtum, Zerstörung bei Einführung des Christentums — offenbar war der Erbauer der gleiche. Hepháistos war der griechische Name des Vulkans,[110] und er war es auch, der dem Vulkankessel in Lumneta/Aggersborg den Namen gab. Alle Voraussetzungen scheinen erfüllt zu sein, daß Delphi bei seiner Entstehung die gleiche Funktion hatte wie die »Trelleburgen« in Dänemark.

Wir steigen vom Berghang über Delphi wieder herab, um das Orakel zu besichtigen, das sich am Ende des Apollontempels befand. Die Mythen berichten, daß zu manchen Zeiten übelriechende Dämpfe aus einer Felsspalte unter dem Orakel herausquollen, einer Felsspalte, von der man trotz eifriger Untersuchungen nicht die geringste Spur gefunden hat. Wir erinnern uns, daß es bei den Raketenstarts in Cape Canaveral auch so aussieht, als ob Rauch und Dampf von unten heraufkämen.

Das Orakel besteht heute aus Stein; unten ein vierkantiger Block und obendrauf zwei kreisrunde Steinscheiben. Wenn wir uns dies nach oben mit runden Steinscheiben der gleichen Art fortgesetzt denken, dann würde das Monument einer Weltraumrakete gleichen. Diese Skulptur einer Rakete wurde umgestürzt, als Delphi zerstört wurde. Nun gehen wir weiter zum Plateau unterhalb des Orakels. Dort, gerade unterhalb der Skulptur, an der Stelle, auf die sie fiel, als das Orakel umgestürzt wurde, befindet sich der oberste Teil des Denkmals. Er besteht ebenfalls aus Stein und weist eine nach dem Umfallen leicht beschädigte Spitze auf. Das Oberteil gleicht der Spitze eines Luftfahrzeuges, in der Form perfekt aerodynamisch (Abb. 38 AB).

Wir beenden den Besuch in Delphi, und nach einer Reise, die bis ans Ende der Welt zu gehen scheint, erreichen wir das Orakel von Dodóna. Hier werden wir ebensoschnell fündig. Wie in Delphi erleichtern uns die Treppen eines Amphitheaters den Weg nach oben über die Tempelruinen zu einem Gebiet, dem man wegen Ruinen oberhalb des Standortes des Orakels den Namen Akropolis gegeben hat. Von hier aus sieht man an der Farbe des Grases um den untenliegenden Tempel, daß auch dieser Platz einmal groß und kreisrund war, und bei der anschließenden Besichtigung dieser Gegend erkennt man, auf welche Weise das talabwärts leicht geneigte Gelände oben durch Abgraben und unten durch Auffüllen planiert wurde. Die gebogenen Böschungen des Ringes zeichnen sich noch immer im Gelände ab.

Abb. 38 A: Die Spitze des Orakels von Delphi, perfekt aerodynamisch wie die Spitze einer Weltraumrakete. Wenn man die Spitze auf eine Anzahl runde Scheiben setzt, entsteht die Skulptur einer Rakete.

Abb. 38 B: Das Fundament des Orakels von Delphi. In der Erde ist ein vierkantiger Steinblock mit diesen runden Steinscheiben obenauf, das Monument einer Abschußrampe mit Rakete.

Auf dieser runden Fläche finden wir die berühmte Eiche von Dodóna, unter der »die Große Mutter« ihren Platz hatte. Der Wärter erzählt uns, daß dies natürlich eine neuere Eiche sei, aber daß sie auf demselben Platz stünde wie die ursprüngliche. Über all die Jahre hinweg gab es verschiedene Eichen; jedesmal, wenn der Baum wegen seines Alters umstürzte, wurde ein neuer gepflanzt. Rings um diese Eiche sind durch verschiedene Zeitalter mehrere größere und kleinere Tempel für das Orakel erbaut worden. Die Ruinen des letzten Tempels sind noch vorhanden.

Wir finden jetzt zwei Voraussetzungen erfüllt: den abgelegenen Standort und die Spuren eines großen runden Platzes. Aber wo ist das Kühlwasser?

Wir fragen den Wärter, wo das Schmelzwasser aus den Bergen im Frühjahr hinläuft, und er erzählt, daß das Wasser jetzt in Rohre gefaßt ist, daß es früher aber wie ein kleiner Fluß am Orakel vorbeilief und weiter ins Tal hinab. Bei genauerem Hinsehen finden wir auf der Wiese vor dem Standort des Orakels ein großes von Steinmauern umfaßtes Gelände mit einer Rinne, die vom oberen Ende des Tales herführt. Hier kam das Wasser aus den Bergen an, und man hielt in diesem künstlichen See einen reichlichen Kühlwasservorrat, so daß auch in der trockenen Zeit, in der die Berge kein Schmelzwasser lieferten, ausreichend Kühlwasser zur Verfügung stand. In dem See befindet sich heute kein Wasser mehr. Es sind nur noch die Mauerreste um den See übriggeblieben, die Rinnen, in denen das Wasser zum See geleitet wurde, der völlig ebene Grund des Sees und die Wiesenpflanzen, die auf dem gesamten Grund des Sees wachsen. Sie ergeben ein ganz anderes Bild der Wiese, als es die Vegetation in den umliegenden Gebieten zeigt.

Wir beschließen den Tag mit einem Besuch der Stadt Ioannina, wo die Funde von Dodóna aufbewahrt wer-

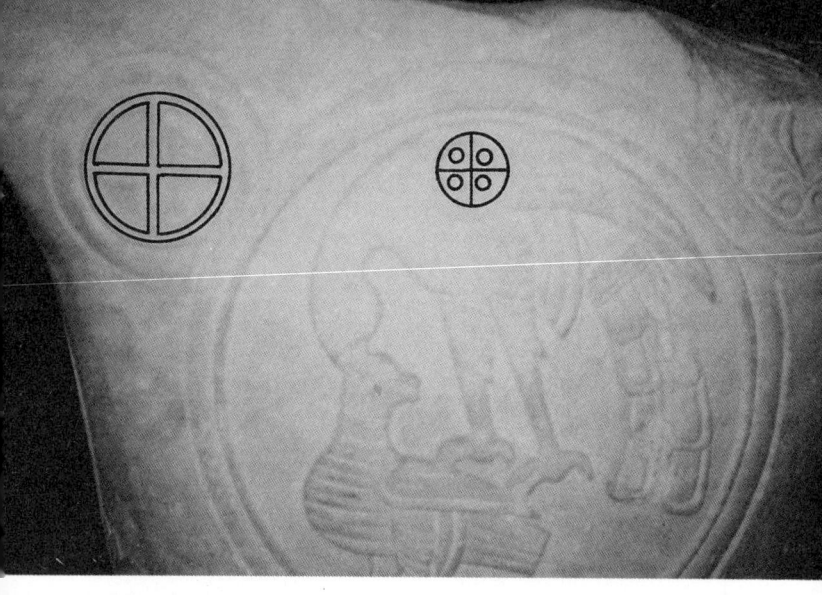

Abb. 39: Museum von Ioannina. Eine Säule, gefunden beim Orakel von Dodóna. Oben auf der Säule sitzt ein Vogel mit dem Grundriß von Trelleborg auf dem Rücken. Im selben Motiv ist oben links ein Kreis mit Kreuz eingemeißelt. Im Motiv auf dem Vogelrücken sind außerdem vier Quadranten zu sehen.

den. Dort gibt es viele interessante Funde, aber der interessanteste ist für uns die Säule Nr. 21, die oben einen vierkantigen Block mit verschiedenen Motiven auf den Seiten trägt. Die Säule steht vor einem Fenster, nur wenige dürften also das Motiv auf der anderen Seite, die gegen die Fensterscheibe gerichtet ist, zu Gesicht bekommen. Vermutlich hat man einfach nicht herausfinden können, was das für ein Motiv war, und es daher vom Publikum weggewendet. Das Motiv ist ein großer, schöner Vogel, der einen kleineren Vogel zu unterdrücken scheint. Der große Vogel trägt auf dem Rücken den Grundriß Trelleborgs, den Ringwall mit dem großen Kreuz. Zusätzlich ist eine kleine Figur eingemeißelt, in der auch die Quadranten Trelleborgs ihren Platz haben (Abb. 39).

Sowohl das Orakel von Dodóna als auch das Orakel von Delphi sind im Ursprung identisch mit den »Trelleburgen« in Dänemark, durch den abgelegenen Standort, den großen runden Grundriß, die Lage am Kühlwasser und die gleiche Geschichte.

Es gibt jedoch einen Punkt, in dem sich das Orakel von Dodóna vom Orakel von Delphi unterscheidet, das ist der Standort des Orakels von Dodóna. Es liegt nicht, wie das Orakel von Delphi, auf der Linie Delphi–Trelleborg-Aggersborg, sondern auf einer Position etwas westlich dieser Linie. Wir erhalten eine Erklärung für die Lage des Orakels von Dodóna, als wir uns später ein weiteres berühmtes Orakel in Griechenland näher ansehen, das Orakel von Olympia.

Dieses Orakel, das unseren heutigen olympischen Spielen den Namen gab, befindet sich auf der Westseite der großen griechischen Halbinsel Peloponnes auf einer Position, von der eine gerade Linie mitten durch das Orakel von Dodóna direkt zur Parabel von Trelleborg in Dänemark führt. Es sieht aus, als sei der Parabelbogen von Trelleborg ein Knotenpunkt gewesen, in dem ganz bestimmte Linien zusammenkamen, die entlang einiger sehr wesentlicher Orte der griechischen Mythologie verliefen. Das waren die Linien Olympia–Dodóna–Trelleborg und Kreta–Delphi–Trelleborg sowie Athen–Olympos (Wohnsitz der Götter in Thessalonien)–Trelleborg und sicher noch weitere. Wir lassen diese Theorie bis zu einer späteren Untersuchung außer acht und betrachten das Orakel von Olympia auf dem Peloponnes näher.

Wir beginnen mit der Geschichte des Orakels von Olympia und stellen bald fest, daß wir auf der richtigen Spur sind. Die Geschichte des Orakels von Olympia entspricht genau den Geschichten, die wir bereits von Aggersborg, Rethre, Trelleborg, Delphi und Dodóna kennen. An dieser Stelle entstand ein großes heidnisches Heiligtum, zu dem die Menschen über Jahrhunderte wallfahrteten; zuerst, um Orakelantworten zu suchen, und später, um die heidnische Religion auszuüben und den Gott Zeus zu verehren. Es wurden Tempel, Schatzkammern, das Hippodrom und ein Stadion gebaut. Sie alle wurden zerstört, als Theodosius der Große das Christentum einführte. Der Tempel wurde in Brand gesteckt, die Gegend wurde in Bann gelegt, und bei einem gewaltigen Erdbeben wurde das Ganze durch einen Erdrutsch von dem nahe gelegenen Kronosberg und durch Schlamm und Sand durch Überschwemmungen des Flusses Kladeos verschüttet, um erst 1766 von einem englischen Forschungsreisenden wieder entdeckt zu werden.

Die Geschichte des Orakels von Olympia paßt also gut, aber recht überraschend ist auch die Lage des Orakels. Ebenso wie Trelleborg und Fyrkat lag das Orakel an der Stelle, an der sich zwei Wasserläufe trafen, die Flüsse Kladeos und Alfios. Es steht also auch hier, ebenso wie an all den anderen Orten, reichlich Kühlwasser zur Verfügung.

Mitten auf dem großen Platz Altis stand damals eines der sieben Weltwunder, die 14 Meter hohe Statue des Gottes Zeus aus Gold und Elfenbein. Noch zwei andere weltberühmte Statuen wurden beim Orakel von Olympia gefunden: Hermes, der aus der griechischen Mythologie bekannt ist — ein eleganter junger Mann mit Flügeln an den Knöcheln — und Nike, eine schöne junge Göttin mit großen, eleganten Flügeln auf dem Rücken.

Flieger finden wir überall. Beim Orakel von Dodóna fanden wir den großen Vogel mit der Zeichnung von Trelleborgs Grundriß auf dem Rücken, beim Apollonorakel war der Gott Apollon der große Flieger mit ganz besonderen Fähigkeiten, und hier am Orakel von Olympia finden wir die Flieger Hermes und Nike.

Aber es erweist sich als schwierig, in Olympia sichere Spuren eines Ringwalls zu finden. Es gab am Ort jahrtausendelang umfangreiche Bautätigkeit, ein Bauwerk jeweils über dem anderen und alle möglichen Sportplätze um den Altis, den heiligen heidnischen Hain. An der Stelle, von der man erwarten könnte, daß sich dort eine »Trelleburg« befunden haben müßte, findet man Reste eines Zeusaltars und die Reste des riesigen heidnischen Zeustempels. Die Säulen, die das Dach des Tempels trugen, waren aus großen runden, genau zugepaßten Natursteinen gebaut, jeder einzelne mit einem Durchmesser von zwei Metern und einem Meter Höhe. Diese Säulen stürzten um, als Olympia zerstört wurde. Die Steine liegen nun so vor den Fundamenten, wie sie umgestürzt wurden; wie ein Stapel umgefallener Dominosteine.

Einige wenige Tatsachen, die bezeugen könnten, daß auch Olympia, ebenso wie die »Trelleburgen«, als Ringwall mit Ablaufrinnen für Kühlwasser begann, sind einerseits die Lage Olympias am Zusammenfluß zweier Flüsse und andererseits ein kleines Stück Wallgraben mit leichter Krümmung, das entlang der einen Ecke des Altis-Platzes zum Fluß hinunter verläuft und offensichtlich ein Rest der frühesten Bebauung ist.

Des weiteren treffen wir nahe bei Olympia den sonderbaren Namen ΠΤΡΓΟΣ an, dieses eigenartige Wort, bei dem die ersten drei Buchstaben mit »Feuer« oder »Licht« übersetzt werden können und, wenn der vierte Buchstabe hinzugenommen wird, als »Ringmauer mit Türmen«.

Dieses Wort ist der Name der Landeshauptstadt der Gegend, in der sich Olympia befindet. Ist das ein Zufall, oder erhielt diese Ecke von Griechenland und ihre Hauptstadt ihren Namen nach dem Ringwall und den Türmen in Olympia? In diesem Fall wären hier die Ahnen von Fyrkat zu finden. Das sind schwache Spuren, aber vielleicht trotzdem Spuren, die Auskunft über die allererste Bauphase des Orakels von Olympia geben.

Nach der Besichtigung der drei Orakelplätze haben wir die einfache Erkenntnis gewonnen, daß die Spuren der Vergangenheit um so schwächer sind, je stärker die Aktivitäten am Ort gewesen waren. So müssen wir also versuchen, ein Orakel zu finden, das noch immer fast unbekannt ist. Vielleicht werden die Spuren dort deutlicher sein.

Es erweist sich, daß es in alter Zeit eine große Zahl berühmter Orakel gab. Es war nämlich so, wie es immer ist, wenn jemand Erfolg hat: Sofort gibt es andere, die versuchen, aus derselben guten Idee Gewinn zu schlagen. Die Orakel hatten jedoch verschiedene Qualität. Es gab wenige gute Orakel, die wirklich Antwort auf alle Fragen hatten, und es gab viele Schwindler; einige, die den Fragestellern nur zweideutige Antworten gaben, und andere, die sich ziemlich unfeiner Methoden bedienten. Aber sie alle waren Nachfolger der wirklichen Orakel.

Da gab es die sogenannten Totenorakel, wo man angeblich mit seinen verstorbenen Verwandten sprechen konnte, es gab Arztorakel, die durch gute Ratschläge für die Bekämpfung von Krankheiten noch von einigem Nutzen waren, und es gab Schlaf- und Traumorakel. Sie allesamt waren nur Ersatz für die echten Orakel, die wirklich die richtige Antwort auf alle Fragen wußten. Sie sind es, die für unsere Nachforschungen von Interesse sind. Aber werfen wir trotzdem einen Blick auf ein paar der anderen Orakel, die vom enormen Erfindungsreichtum der Menschen zeugen.

Das Orakel von Ephyra etablierte sich im Schein des guten Rufes des Orakels von Dodóna nur 45 Kilometer von Dodóna entfernt. Als es anhand der genauen Ortsangaben der alten Historiker wieder gefunden wurde, mußte eine große Betonplatte unter eine kleine Kirche gegossen werden, um das Orakel ausgraben zu können, ohne die Kirche niederzureißen. Die Vorgehensweise bei der Auslöschung des Orakels kennen wir, es wurde bei der Einführung des Christentums zerstört, um die Erinnerungen an den heidnischen Glauben zu tilgen. Eine Kirche wurde direkt auf die Ruinen des Orakels gebaut, die auf diese Weise gut verborgen blieben. Es war jedoch kein großer Verlust für die Nachwelt, daß das Orakel verschwand. Durch die Ausgrabungen und aus den Berichten alter Historiker weiß man, daß das Orakel wie ein Labyrinth aufgebaut war, in dem sich die Orakelsuchenden längere Zeit in einem dunklen Raum aufhalten mußten. Zu einem bestimmten Zeitpunkt wurden sie in ein unterirdisches Gewölbe geführt, wo sie mit ihrem verstorbenen Verwandten sprechen konnten, der durch ein Loch in der Decke zu ihnen herabgelassen wurde. Vermutlich war der »Geist« eine maskierte Person, die der Ratsuchende nach vieltägigem Aufenthalt im Dunkeln kaum entlarven konnte. Man fand bei den Ausgrabungen große Klumpen von Haschisch im Labyrinth und vermutet, daß die Orakelsuchenden damit betäubt wurden, ehe sie dem Verstorbenen begegnen sollten. Unter der Einwirkung dieses Betäubungsmittels erhielten sie dann sicherlich genau die Antworten, die sie besonders gerne hören wollten.

Das war ein nicht eben schmeichelhafter Vertreter seiner Zunft, das Orakel an der geschickt gewählten Stelle so nahe bei Dodóna. Wir finden an dieser Stätte trotzdem etwas von Interesse. Die Einwohner hatten einen Beinamen, sie wurden »*Nachbarn des Okéanos*« genannt.[98] Also muß Okéanos, einer der ersten großen heidnischen Götter, das Orakel von Dodóna als Aufenthaltsstätte gewählt haben.

Wir besichtigen auch kurz ein Orakel, das sich im Schatten des großen Orakels von Delphi etabliert hatte, das Orakel von Trofonios in Lebadeia, der letzten größeren Stadt, durch die man auf dem Wege nach Delphi hindurchkommt. Dieses Orakel erreichte niemals das Format des Orakels von Delphi. Es gab hier keine Tempel und keine Statuen, sondern nur eine zugemauerte Höhle, an der geschäftstüchtige Leute durch den Betrieb des Orakels gutes Geld verdienten. Auch dieses Orakel wurde zerstört, noch dazu so gründlich, daß man keine sicheren Spuren von seinem Standort gefunden hat. Am Eingang zu der sehr schönen Bergschlucht, in der sich das Orakel befand, steht jetzt nur eine kleine, einfache Hütte. Dort kann man Geld in eine Sparbüchse legen und ein paar Wachskerzen anzünden. Das wird noch immer getan, selbst wenn es inzwischen mit den Orakelantworten schlecht aussieht.

Man weiß nicht allzuviel darüber, wie es in diesem Orakel zuging, nur, daß die Orakelsuchenden durch ein Loch in der Mauer zu einigen Priestern oder Priesterinnen hineingesteckt wurden. Einige Tage später kamen sie so verwirrt wieder heraus, daß sie nichts erzählen konnten. Es wird berichtet, daß sie von ihren Angehörigen von dem Ort fortgetragen werden mußten.[98] So wird man wohl auch hier die Orakelantworten mit Hilfe von berauschenden Drogen hervorgerufen haben.

Wir verlassen diese geschäftstüchtigen Stätten und finden ein Orakel, über das sehr wenig geschrieben wurde.

Es hatte den allerbesten Ruf und galt als eines der ältesten Orakel. Es liegt fernab unserer heutigen Tourismusrouten und wird von den Einheimischen Apollonos genannt. Es befindet sich bei dem Dorf Akrefnion, 65 Kilometer genau östlich von Delphi an der Seite des Berges Ptoion, mit einer wunderbaren Aussicht auf den See Paralimni.

Dieses Orakel erlangte niemals besondere Berühmtheit; vielleicht, weil es sich nicht des Besuches irgendeiner prominenten Persönlichkeit rühmen konnte. Es wurde mit einigen Worten von den alten Historikern Strabon, Pausanias und Plutarch erwähnt. Nur der Historiker Herodot war gründlicher. Er fand es bemerkenswert, daß man in diesem Orakel ausländische Sprachen beherrschte. Man konnte barbarisch sprechen, wie er es ausdrückte. Er gab eine gute Beschreibung des Orakels.

»Das Heiligtum heißt Ptoion. Es gehört den Thebanern und liegt oberhalb des Kopais-Sees, ganz in der Nähe der Stadt Akrefnion.«[98]

Mit dieser Beschreibung ging 1884 ein französischer Archäologe daran, das Heiligtum aufzuspüren. Mit Hilfe der örtlichen Bevölkerung fand er die Quelle Perdikovrysis und drei Terrassen an der Seite des Berges Ptoion. Auf der obersten Terrasse entdeckte er Ruinen eines dorischen Tempels für Ptoions Apollon sowie eine Steinskulptur des »Großen Heiligtums«. Es war ein Dreifuß in der Form des spitzen Endes eines aufgeschnittenen Eies, mit drei Füßen und mit einer Menge von Zeichnungen, die uns bekannt sind; Zeichnungen vom Umriß der »Trelleburgen«, ein großes Kreuz, von einem Ring umgeben (Abb. 40).

Eine Skulptur von dieser charakteristischen Form ist uns bereits bekannt. Wir kennen sie von Delphi her, wo

Abb. 40: Zeichnungen des Plans von Trelleborg, dem Kreis und dem Kreuz auf dem Dreifuß von Ptoion.

wir sie von der Terrasse herabgestürzt fanden, auf der das Orakel von Delphi seinen Platz hatte. Wir finden sie überall bei den großen heidnischen Heiligtümern wieder, mit oder ohne den drei Beinen.

Es gibt unzählige Bilder mit diesem Dreifuß als Vasenmotiv, wo die Priesterin oben auf diesem sehr unbequemen Sitzplatz hockt, um den Orakelsuchenden zu antworten; man bezeichnete diesen Dreifuß als tripod. Auf vielen dieser Bilder befindet sich — anscheinend gänzlich unmotiviert — die charakteristische Zeichnung des Ringes mit dem Kreuz, das Zeichen, das sich in so reichlicher Menge auf dem Dreifuß von Ptoion fand und das auch von einer sehr großen Anzahl von Zeichnungen aus Dänemarks Vorzeit bekannt ist.

In Delphi wurde ein zweites Exemplar der eihälftenförmigen Skulptur gefunden, ein sehr viel schöneres Modell aus Marmor, das in dem großen Apollontempel stand. Sie wurde »Nabel der Welt« genannt.

Diesen Nabel der Welt haben im Laufe der Jahre Hunderttausende von Menschen in Delphi besichtigt. Es gab unter diesen Personen sicherlich nicht viele, die in dieser Skulptur einen Nabel wiedererkennen konnten. Die meisten haben sich die Figur nur als einen Punkt in der Weltmitte vorgestellt und nicht als einen Nabel. Die Figur, die gut einen Meter hoch ist, gleicht dem Vorderteil eines modernen Düsenflugzeuges. Es ist die Form des schmalen Endes eines geköpften Eies, die Form, die bei Bewegung durch die Luft den geringstmöglichen Strömungswiderstand erfährt, die ideale aerodynamische Form.

Die Ansicht, daß die Skulptur den Nabel der Welt darstellen sollte, hat sich eingebürgert, es ist im übrigen keine neue Behauptung. Die Einwohner von Delphi kamen darauf, vielleicht als eine Art Reklametrick. Er hat gewirkt. Es wurde übrigens ein energischer Versuch unternommen, das Gerede vom Nabel der Welt in Delphi zu beenden. Epimenides von Kreta (7. Jahrh. v. Chr.) reiste nach Delphi, um einen Beweis für die Behauptung zu erhalten. Die Auskünfte, die er dort erhielt, waren unklar und verwirrend und bestärkten seine Zweifel. Epimenides beendete die Diskussion mit folgender Erklärung:

»Erde und Himmel haben keinen Nabel in der Mitte. Falls es einen solchen gäbe, wäre er nur den Göttern bekannt, nicht aber den Menschen.«[111]

Diese Erklärung gab Epimenides vor 2500 Jahren ab, und immer noch kann man überall lesen, daß diese aerodynamische Skulptur in Delphi den Nabel der Welt darstelle. Man betrachte einmal die Abbildung (Nr. 38 A). Kann das ein Nabel sein?

Überall, wo man Skulpturen von diesem halben Ei oder von dem Dreifuß entdeckte, fand man auch große heidnische Gemeinden. Das gilt auch für andere Orte entlang unserer Großkreislinie. Man fand die gleiche Skulptur in Libyen bei der Oase Siwa, die sich auf der Großkreislinie befindet, und man fand sie in Äthiopien, das dicht an dieser Linie liegt.[98]

Wir wenden uns wieder dem Dreifuß zu, den der französische Archäologe bei Ptoion fand. Die vielen Zeichnungen des Ringes mit dem Kreuz müssen für unsere Forschung von Bedeutung sein. Es müssen bei Apollon auf Ptoion Zusammenhänge zu finden sein. Wir beginnen damit, nach Ptoion zu suchen, so wie es vor 100 Jahren der französische Archäologe getan hat. Wir merken bald, daß es heute nicht leichter geworden ist, das Orakel von Ptoion zu finden, als es damals der Fall war.

Es bedarf einer Menge Gerede und Zeichensprache mit den Einheimischen im Dorf Akrefnion, bevor sie verstehen, wohin wir wollen. Aber dann findet der alte Mann auf dem Marktplatz einen 16jährigen Gymnasiasten, Georg Katsavras, der Englisch gelernt hat und bereit ist, uns den Berg hinaufzuführen, wofür wir ihm gleich herzlich danken. Der Weg hinauf ist ein Erlebnis, falls man einen ganz schmalen, geröllbedeckten Pfad überhaupt für einen Weg halten kann. Er verläuft in scharfen Kurven bergan, der erste Gang ist gerade richtig für die gesamte Fahrt. Eine Bergwand begrenzt den Weg zur linken Seite des Autos, ein Abgrund zur rechten. Es muß dringend davon abgeraten werden, daß jemand den Aufstieg ohne ortskundigen Führer versucht. Wenn man gleichzeitig das Auto auf der Straße halten und nach dem Orakel

Abb. 41: Der alte Wegweiser zu Ptoions Heiligtum, Apollontempel 3, Mönchskloster 5.

Abb. 42: Ptoions runde Umrisse zeichnen sich dadurch ab, daß die Vegetation in der gesamten Umgebung aufgrund der veränderten Bodenverhältnisse lichter ist. Die gerade Seite ist durch die Auffüllung des Weges entstanden.

suchen muß, so ist zu befürchten, daß man einen Unfall baut, oder zumindest das Orakel nicht findet. Aber ist man erst einmal oben, hat man dort die denkbar schönste Aussicht über die Umgebung. Das einzige Schild, das einem Orakelsuchenden heutzutage helfen könnte, befindet sich 3 Kilometer vom Orakel entfernt. Im Schatten eines Busches findet man das alte, verblichene Schild mit dem Text: Apollontempel 3, Mönchskloster 5 (Abb. 41). Ganz einfach, aber nur für den, der das griechische Alphabet kennt. Von diesem Schild aus kann man jedoch die 3 Kilometer ohne Risiko zu Fuß gehen, der Weg teilt sich nur einmal. Hier geht man nach rechts, und wenn man auf eine kleine »Kirche« trifft, eine kleine gemauerte Kapelle auf der linken Seite des Weges, ist man bereits 50 Meter hinter dem Orakel.

Mit einem ortsansässigen Führer kommt man jedoch gut hinauf, und einige Kilometer weiter zeigt Georg Katsavras schließlich auf den Berg auf der anderen Seite der Schlucht, um darauf aufmerksam zu machen, daß dort unser Ziel liegt. Wir halten das Fahrzeug auf der Bergstraße an; uns genau gegenüber, an der Seite des Berges Ptoion, liegt ein großes rundes Areal, das sich in der Vegetation auf der untersten Terrasse abzeichnet, direkt unterhalb der Bergstraße, die an unserem Ziel vorbeiführt. Das Gebiet ist rund und ungefähr so groß wie Fyrkat, und es gibt Überreste von Wällen, so deutlich oder so kärglich wie die Überreste, die bei Trelleborg gefunden wurden und die zur Ausgrabung und Rekonstruktion von Trelleborgs Ringwall führten (Abb. 42).

Wenig später erreichen wir den Ort, und unser Freund aus Akrefnion ist etwas verständnislos über unser Interesse für die Vegetation auf der untersten Terrasse, wo doch auf den zwei oberen Terrassen über dem Weg viel mehr zu sehen ist.

Es stellt sich denn auch heraus, daß es hier oben interessante Dinge zu entdecken gibt. Auf der obersten Terrasse die Reste eines Tempels und gerade darüber die Quelle Perdikovrysis mit Resten des großen Kanales, der das Wasser herunterleitete; nicht zum Tempel auf der obersten Terrasse, sondern zu sieben großen, tiefen, zusammenhängenden Zisternen auf der zweiten Terrasse. Die Wasserbehälter haben eine Tiefe von vielleicht 6—8 Metern, im Boden sind kommunizierende Röhren mit einem gemeinsamen Abfluß von ca. 1 x 1 Meter Größe eingelassen (Abb. 43 und 44).

Dieser Abfluß, der auf etwa 10 Meter Länge erhalten ist, wendet sich in Richtung auf den runden Platz hinunter. An der Vegetation sowie an den Rändern des Weges unterhalb der Terrasse 2 kann man den einstigen Verlauf des Kanales ablesen. Die umfangreiche Wasserleitung mündete mitten auf dem runden Platz auf der untersten Terrasse, es muß die Kühlwasserversorgung für das Bauwerk auf dem runden Platz gewesen sein. Auf der anderen Seite des runden Platzes finden wir den Abfluß, von dem aus das gebrauchte Wasser weiter in das Tal hinunterlief. Auf dem runden Platz ist heute kein Bauwerk zu sehen, und ob man am Ort das geometrische Trelleborgmuster finden kann, wird davon abhängen, ob die Zusammensetzung des Erdbodens an dieser Stelle die Spuren der Pfähle des Bauwerkes erhalten konnte.

Sicher ist, daß diese sieben großen, zusammenhängenden Wasserbehälter nicht der Wasserversorgung der darüberliegenden Bauwerke gedient haben. In diesem Fall hätten sich die Zisternen weiter oben auf dem Berg in der Nähe der Quelle befunden. Sie waren die Wasserversorgung für ein Bauwerk, das sich einstmals den Weg hinunter auf dem runden Platz befunden hatte; vermutlich eine Trelleborganlage. Sie war das Motiv für die vielen

Abb. 43: Ein Blick hinunter in eine der sieben Zisternen.

Abb. 44: Ein Blick hinunter auf den gemeinsamen Abfluß der sieben Zisternen von Ptoion bei Akrefnion.

Abb. 45 A: Archäologisches Museum in Athen, Reg.-Nr. 1709. Eine Vase mit dem Grundriß der »Trelleburgen« als einzigem Motiv: das große Kreuz und die vier Quadranten.

Abb. 45 B: Gleiches Motiv in Dänemark, Madsebakke, Bornholm.

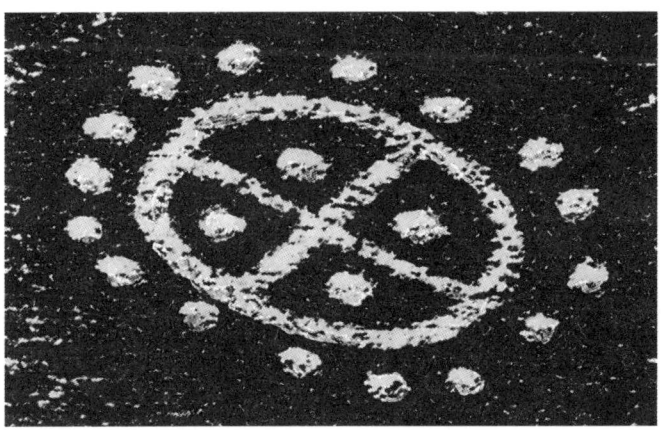

Abbildungen auf Ptoions Dreifuß und für eine große Anzahl entsprechender Steinzeichnungen in Dänemark — der Ring mit dem Kreuz.

Wohlbehalten zurück in Theben, der Hauptstadt des Gebietes, versorgen wir uns mit Lektüre speziell über diese Gegend, und was finden wir auf der ersten Seite? Der Schriftsteller Kaiti Demakopoulou schreibt über den Landesteil Böotien, der sich von Delphi bis Ptoion erstreckt:

»Offensichtlich haben sich die ersten vorgriechischen Indoeuropäer hier angesiedelt; die ersten Griechen, die Danaer.«[112]

Die ersten Griechen, die *Dänen*. Vielleicht ein Anzeichen für den Zusammenhang zwischen Griechenland und Dänemark im Altertum. Ob nun die Griechen nach Dänemark kamen oder ob die Dänen aus Griechenland stammten, das bleibt offen; aber ein Zusammenhang zwischen Griechenland und Dänemark bestand im Altertum.

Wir kehren zur griechischen Hauptstadt Athen zurück und finden in einer Vitrine im archäologischen Museum von Athen eine kleine, einfache Schale aus Ton. Auf der Schale ist das Motiv, das wir auf dem Dreifuß von Ptoion fanden, der Ring mit dem Kreuz, aber diese kleine Zeichnung zeigt auch die Quadranten. Das ist eine Abbildung des Grundrisses der »Trelleburgen« in Griechenland, im Museum registriert unter der Nr. 1709 (Abb. 45).

Es sieht also so aus, als gebe es in Griechenland viele Spuren der Dänen und der Erbauer Trelleborgs. Aber es gibt in Dänemark auch Spuren eines berühmten Orakels; eines Orakels, das genauso funktionierte wie die griechischen Orakel, zu einigen Zeiten angeschaltet und in Funktion, zu anderen Zeiten abgeschaltet und unbenutzbar.

Das Orakel in Dänemark

Nicht nur die griechischen heidnischen Heiligtümer, sondern auch die nordischen waren berühmt für ihre Orakel. Eines davon befand sich im Heiligtum Rethre auf Eskeholm. Und um diese Orakel oder Computer herum entstand ein neuer Glaube, der Odinsglaube der Lichtreligion, der religiöse Glaube, der sich von Griechenland über Böhmen, Franken, Mecklenburg bis nach Skandinavien ausbreitete, genau im Bereich der Großkreislinie, die von Delphi über Trelleborg nach Aggersborg verläuft.[94]

Die Ereignisse, die zur Entstehung von Orakeln und einer neuen Religion führten, waren die für die damaligen Menschen ganz unfaßbare Begebenheiten, die von Generation zu Generation weitererzählt wurden. Im Laufe der Jahre wurden sie zu Mythen, und weil dies teils in Griechenland und teils in Skandinavien erfolgte, ist das die Ursache dafür, daß griechische Mythologie und nordische Mythologie in ihrem Anfang gleichlautend sind; nur haben die Götter in den verschiedenen Sprachen verschiedene Namen.

Im Norden war der Name des obersten Gottes Odin, in Böhmen, Franken und Mecklenburg wurde der germanische Name Wodan verwendet, und in Griechenland war Okéanos *»ein sehr alter Gott, wohl der älteste von allen«*.[109]

Okéanos war ein Sohn des Uranos, des Weltenraumes, und »*war immer im Kreislauf um die Erde*«,[61] ein Begriff, der natürlich ziemlich unverständlich für die Historiker des Altertums war, die ihn den »*Meeresstrom, der außen um den ganzen Erdkreis fließt*«[109] nannten.

Als dann zu einem späteren Zeitpunkt die Griechen und die Römer gemeinsames Schicksal und gemeinsame Mythologie hatten, wurden es andere Götter, die als die bedeutendsten angesehen wurden; Namen wie Zeus, Apollon, Aphrodite und Hephaistos, oder auf lateinisch Jupiter, Apollo, Venus und Vulkan.[110]

Die Namen sind unterschiedlich — Odin, Wodan und Okéanos —, aber es handelte sich um ein und dieselbe Person und auch um die gleichen Ereignisse, die zugrunde lagen, von Griechenland im Süden bis Dänemark im Norden. Die Mythen, diese unglaublich lebenskräftigen Erzählungen, sind Berichte von ganz phantastischen Begebenheiten vor mehreren tausend Jahren. Berichte über Fremde, die aus dem Weltraum kamen, die über alle Dinge Bescheid wußten, die chronisch Kranke heilen konnten, die über unbegrenzte Fähigkeiten verfügten und die wie Vögel fliegen konnten. Kein Wunder, daß sie für Götter gehalten wurden.

Ein gutes Beispiel dafür, was geschieht, wenn ein Fremder, der aus der Luft anreist, einen Eingeborenen trifft, der bis dahin nur die Kultur seines eigenen Volkes kannte, gibt der Reiseschriftsteller Arne Falk-Rönne im Buch »*Spor*« *(Spuren)*, in dem er einen Besuch beim Kukukus-Stamm im Inneren Neuguineas beschreibt.

Als Arne Falk-Rönne mit einem kleinen Flugzeug landet, wirft sich der Häuptling dem vermeintlichen weißen Gott, der vom Himmel geflogen kam, zu Füßen. Der Häuptling litt an einer schweren Malaria, aber ein paar Pillen der modernen Medizinindustrie bewirkten etwas, was für den Häuptling wie ein Wunder aussah. Sein Zustand besserte sich nach Einnahme der Pillen sofort. Das Bild vom weißen Gott war perfekt. Ein paar Jahre später stand an dieser Stelle ein aus Holz und Lianen gebautes Flugzeug — das neue Heiligtum des Stammes.[72]

Auf diese Weise entstanden auch die heidnischen Götter. Die Fremden, die vom Himmel herabkamen, wurden ungewollt als Götter angesehen, ihr Computer wurde für die Eingeborenen zu einem Orakel, ihre Bauwerke zu Heiligtümern. Um sie herum entstanden die großen heidnischen Heiligtümer, deren Spuren zu vernichten beinahe glückte, als die Christen die Macht übernahmen. Trelleborg, Fyrkat und Aggersborg sind von den Archäologen der Vergessenheit entrissen worden. Wir fanden auf der Insel Eskeholm das Heiligtum Rethre, bei Trelleborg fanden wir die heidnische Stadt Isfar, in Pommern fand man im vorigen Jahrhundert das Heiligtum Arkona, das in griechischem Stil angelegt war, und in Griechenland entstanden vor mehreren tausend Jahren der Stadtstaat Sparta, der auch »Groß Rethra« genannt wurde, und Troja, das auch den Namen »Asgaard« hatte.[73, 107]

Die Götter im Norden wurden Asen genannt. Odin nannte man »*Vater der Götter und Herrscher von Asgaard*«.[108] Über die Asen erzählt die nordische Mythologie:

»*Mitten im Land der Menschen errichteten die Götter für sich einen mächtigen Höhenzug, wo sie ihre Wohnung mit Aussicht über die ganze Erde einrichteten. Dort oben über den Wolken, ja nahe dem Himmel, wohnten nun die Asen, und ihre Welt nannten sie Asgaard.*«[97]

Welch einzigartige Beschreibung der Wohnung der Asen, der Götter, in den schönen griechischen Bergen in der »Mitte der Welt«.

Der erste Teil des Wortes Danmark (Dänemark) taucht zum ersten Mal in griechischen Buchstaben auf: in Homers antiken Erzählungen über die Griechen bezeichnet er diese als *Dana*er. *Dana*e war eine niedliche junge Dame, die Zeus/Donar/Thor zu seiner Geliebten machte, als er des Zusammenlebens mit Hera überdrüssig geworden war.[65]

Der Gott Zeus, der auch Lichtgott genannt wurde, postierte Atlas weit im Westen an den Rand der Erde (an den Ausgang zum Weltraum). Westen war nach heidnischer Himmelsrichtungsbestimmung die Richtung von Delphi in Griechenland nach Aggersborg in Dänemark.[27] Atlas war wohl ebenso wie Zeus eine Art Maschineningenieur, der zur Überwachung des Kraftwerkes bei Aggersborg eingesetzt war. Es muß bei Aggersborg ein Kraftwerk gegeben haben, das warmes Abwasser in den Limfjord einleitete. Denn es gab außer Atlas noch andere, die westwärts reisten, einige Göttinnen, die Hesperiden genannt wurden. Sie pflückten herrliche reife Äpfel in einem Garten weit im Westen, und die Apfelbäume wurden von einer fauchenden Schlange bewacht.[63]

Diese herrlichen Winteräpfel finden wir auch in den isländischen Sagas, wo Harald Jarl, als er am Limfjord zur Weihnachtszeit an den Bäumen reife Äpfel erblickte, so erschrak, daß er nach Holstein zurückkehrte, von wo er gekommen war, ohne zum Weihnachtsfest gelangt zu sein. Als er dann auch von seinem Schwiegersohn König Gorm zum Weihnachtsfest nach Vendsyssel nördlich vom Limfjord eingeladen wird, zieht er im Jahr darauf los. Aber diesmal wird er beim Übergang über den Limfjord von fauchenden Hunden erschreckt, die bellen, ohne daß sie das Maul bewegen.⁶⁰ Ob nicht diese fauchenden Schlangen und Hunde Geräusche des Kraftwerkes gewesen sind, wenn sie so erschreckend und fremdartig waren, daß Harald Jarl zum zweiten Male umkehrte, ohne zum Weihnachtsfest bei seiner Tochter nach Vendsyssel zu kommen?

Jedoch war der Schwiegersohn, König Gorm, so verärgert darüber, daß sein Schwiegervater seine Einladung mißachtete, daß er erneut Boten sandte mit der dringlichen Mahnung, mit dem Besuch endlich Ernst zu machen. Also zog Harald Jarl das dritte Jahr in Folge wieder mit seinem Gefolge zum Limfjord: Die Saga berichtet hierüber wörtlich:

»*und sie setzten die Reise zum Limfjord fort und hatten eine glückliche Reise und kamen über den Fjord. Es war schon später Nachmittag, deshalb beschlossen sie, über Nacht am Fjord zu bleiben. Sie hatten aber eine Erscheinung, von der sie fanden, sie habe etwas Merkwürdiges zu bedeuten; sie sahen nämlich eine Welle im Fjord aufsteigen und eine zweite außerhalb, und sie bewegten sich aufeinander zu. Diese Wellen waren groß, und es erhob sich ein großes Donnern, als sie sich trafen und zusammenprallten, und es gab einen lauten Krach, und da schien es ihnen, daß das Wasser davon blutig geworden war.*«⁶⁰

Blühende Apfelbäume zur Weihnachtszeit, weil das Wasser und die umliegende Landschaft von Kühlwasser erwärmt waren, seltsame fauchende Geräusche von der Maschinerie und eine Riesenexplosion, die eine Flutwelle verursachte, mit einem Feuerschein, der alles rot erscheinen ließ; besser könnte man wohl eine Explosion in einer Kraftwerksanlage (vielleicht, weil der turnusgemäß fällige Start einer Weltraumrakete das Kraftwerk über-

Abb. 46: Der kleine runde Laubwald unterhalb von Aggersborg. Links vom Weg, direkt vor der Kirche, sieht man die schwache Spur des Ringwalles von Aggersborg/Lumneta.

lastete) nicht beschreiben. Die Explosion hinterließ ihre Spuren, die mehrere tausend Jahre nach dem Ereignis noch wahrgenommen werden können. Nehmen Sie eine neuere 4-cm-Karte des Geodätischen Instituts[57] und betrachten Sie das Strandgebiet südlich von Aggersborg. Die ganze Gegend von Sönder Tranholm bis Sundshave bei der Stadt Aggersund ist »Wiesenland«, wie aus der Zeichenerklärung hervorgeht, bis auf ein rundes Waldstück an der Küste unmittelbar unterhalb des Ringwalles von Aggersborg. Hier erfolgte die Explosion, die die Wiesengegend in ein großes, kreisrundes Loch verwandelte, das sich anschließend mit Grünalgen aus dem Limfjord füllte. Diese vermoderten in gleicher Weise wie bei einem Hochmoor: In der Torfschicht begannen Pflanzen zu wachsen, die sonst nicht auf der Wiese gedeihen konnten. Sie wurden zu Sträuchern und später zu dem klei-

Abb. 47 A und B: Fahrspuren über die Insel Borreholm. Die älteste Fahrspur verläuft etwas schräg mitten auf der rechten Seite des Bildes.

nen runden Laubwald, der sich in der Wiesenumgebung so markant abzeichnet. Um die runde Form des Waldes richtig erfassen zu können, müssen wir uns wieder in die Luft begeben. Auf dem Luftbild sieht man, wie der runde Laubwald einen perfekten Halbkreis zur Küste hin bildet, während er weiter ins Land hinein auf dem festen Grund mit Lehmboden mit anderen Baumarten durchmischt ist (Abb. 46).

Im Wasser vor der Küste sind Spuren des Dammes zu sehen, der nach Lumneta/Aggersborg führte, bevor die Explosion diesen Zugangsweg sperrte. Man baute noch einen Damm, der bis weit in dieses Jahrtausend hinein benutzt wurde. Es existieren noch Fahrspuren von beiden Wegen über die kleine Insel Borreholm hinweg. Die älteste und schwächste Spur ist unten auf dem Luftbild zu sehen, und seitlich davon kann man Spuren des Weges sehen, der zu dem neueren Damm führte (Abb. 47).

Aus der Luft sieht man den ganzen runden Laubwald und hinter ihm die schwachen Spuren des Ringwalls von Aggersborg (Abb. 48). Auf der entgegengesetzten Seite des Limfjordes liegt die Schlucht mit dem Hohlweg, der herunter zur Übergangsstelle nach Aggersborg führte, und hinter dem Hohlweg sieht man auf den Feldern, wie sich die alten Wege als helle Streifen in südlicher Richtung abzeichnen (Abb. 49). In der Böschung seitlich des Hohlweges sind noch die Stufen zu sehen, die zur Übergangsstelle nach Lumneta/Aggersborg hinunterführten. Undeutlich sind auch genau südlich der Schlucht die Spuren von Apfel- oder Weinterrassen zu erkennen.

Es sind viele Spuren der Verbindung von Griechenland zu Aggersborg zu finden. Der römische Geschichtsschreiber Solinus erzählte, daß es in der heidnischen

Abb. 48: Der runde Wald in der Wiesenumgebung. Dahinter schwache Spuren auf dem Feld zum Ringwall Lumneta/Aggersborg. Auf dem Meeresgrund vorn im Bild Spuren zu den jahrtausendealten Dämmen.

Abb. 49: Die Schlucht und der alte Weg, der von der Südseite hinunter zum Übergang über den Limfjord und nach Lumneta/Aggersborg führte.

Hauptstadt Lumne/Lumneta »*das griechische Feuer*« gab, und der Geschichtsschreiber Adam von Bremen schreibt später über dieselbe Stadt:

»*Dort wohnen, außer Griechen und den Einheimischen, Leute aus ganz Europa.*«

Bei der Ausgrabung des Ringwalles von Aggersborg fand man byzantinische Münzen im Schutt, und in dem Jahrtausend, in dem sich das kleine Griechenland blitzschnell zu einem Großreich entwickelte, das ganz Südeuropa umfaßte, mit der neuen Hauptstadt Alexandria in Ägypten, mit Armenien, dem Kaukasus, der Türkei, Irak, Iran und Ländereien bis nach Indien, war Byzanz eine wichtige Hafen- und Handelsstadt am Schwarzen Meer.[50]

Der Mythologie zufolge, sowohl der griechischen als auch der dänischen, gab es in der Vorzeit lebhaften Flugverkehr zwischen Griechenland und Dänemark. Die Midgaardschlange flog nach Midgaard, das »*Burs Söhne in die Mitte der Welt gezimmert*«[82] hatten. Wo diese »Mitte der Welt« war, das können wir in der griechischen Mythologie nachlesen. Zeus ließ seine zwei Adler von je einem Ende der Welt aus fliegen; dort, wo sie sich in der Mitte trafen, wurde Troja gegründet, das auch Asgaard genannt wurde.[73]

Auch in der nordischen Mythologie finden wir diese zwei Flieger wieder, die Zeus zur Verfügung standen. Dort sind es keine Adler sondern Raben; Odins zwei Raben Hugin und Munin, »*die jeden Tag hinausflogen und wieder umkehrten, um ihm ins Ohr zu flüstern, was sie gesehen und gehört hatten*«;[83] also ein richtiger luftgestützter Nachrichtendienst.

Sagen und Mythen sind Erzählungen von Ereignissen, die so bedeutungsvoll waren, daß sie durch Generationen hindurch weitererzählt und aufgeschrieben wurden. Die Worte wurden so gewählt, daß die Zuhörer sie verstehen konnten. Technische und wissenschaftliche Vorgänge wurden blumig als Wunder beschrieben, aber die Dinge, die man kannte, wurden mit alltäglichen, verständlichen Worten bezeichnet. Kämpfen, essen und jagen waren allgemein bekannte Begriffe, fliegen war es ebenso. Man wußte wohl, daß die Vögel fliegen und die Fische schwimmen, also wußte man, wenn man im Altertum vom Fliegen erzählte, ganz genau, wovon man sprach. Hier wurde ein Flug beschrieben, der die Aufgabe hatte, die beiden weit voneinander entfernt liegenden Länder Griechenland und Dänemark auf eine ganz eigentümliche Art zu verbinden.

Die Berichte über Flugzeuge, Raketen und andere motorisierte Luftfahrzeuge sind unzählbar. Hier sind einige von ihnen, zuerst die nordischen:

»Odin, Thor, Freya, Frigga und Hermod (griechisch: Hermes) *ritten und flogen oft gleichzeitig, und Freya flog in ihrem Federkleid.«*[92] — *»Loki liebte es zu reisen, besonders zu fliegen«*,[84] — *»Suttung* (fränkisch: Surtur) *flog hinterher, bis sie über Asgaard* (Troja) *ankamen.«*[85] — *»Nidhög entschwebte über ihre Häupter.«*[86] — *»Skinfakse lief über das Himmelsgewölbe, er hatte ein glänzendes Pferd* (einmotoriges Flugzeug) *angespannt.«*[93] — *»Thor kam dröhnend durch die Wolken hernieder, mit seinem zweirädrigen, von zwei (Ziegen-)Böcken gezogenen Wagen* (zweimotoriges Flugzeug).«[87] Es gab sowohl große als auch kleine Flugzeuge. Odins Flugzeug hieß Slejpner. Es hatte acht Motoren und »*trug ihn durch die Luft, wohin er wollte«.*[88] Odin lieh es manchmal an Hermod (griechisch: Hermes) aus,[89] aber man hatte auch kleine, elegante Faltboote:

»Skibladnir«,[90] das *»so eingerichtet war, daß es immer*

günstigen Wind hatte und daß es zusammengefaltet werden konnte«,[91] und »*in Skibladnir fuhr er über Land und See*«,[92] also ein richtiges motorisiertes, zusammenklappbares Amphibienfahrzeug.

Auch Raketen standen zur Verfügung. »*Das Schiff stand so fest, daß Flammen herausschlugen, und der Erdboden bebte, als es vom Land glitt*«,[89] und eine Sage berichtet. »*Von Trelleborg aus hat man eine glühende Stange durch die Luft fahren sehen.*«[7]

Flammen schlugen heraus, und die Erde erzitterte, als das Fahrzeug startete. Eine glühende Stange flog bei Trelleborg durch die Luft. Das müssen Raketen oder Landungsfahrzeuge gewesen sein, vielleicht vergleichbar mit Abbildung 37.

Die Abgase der Antriebsaggregate der Fahrzeuge haben in der Umgebung der »Trelleburgen« ihre Spuren hinterlassen: kreisrunde Ringe von etwa 6 Metern Durchmesser bei Trelleborg, auf Eskeholm, bei Fyrkat und, nicht weit entfernt von Aggersborg, bei Lindholm Höje in Nörre-Sundby. An letzterer Stelle sind die Kreise für jeden Besucher erkennbar, an den anderen Orten nur aus der Luft und bei besonderen Lichtverhältnissen.[116]

Anschließend nun zu den griechischen Berichten über Luftfahrzeuge im Altertum. Die Griechen nannten die Piloten dieser Fahrzeuge Argonauten. »*Argon*« bedeutet »*Luft*«, und »*naut*« bedeutet »*Steuermann*«. Damals hießen sie Argonauten, jetzt nennt man sie Astronauten. Der Unterschied ist kaum wahrnehmbar, und man höre einmal, was die griechische Mythologie berichtet:

»*Der kunstfertige Dädalos konstruierte Flügel und flog fort.*«[65] — »*Athene konnte wie ein Vogel durch die Luft fliegen.*«[67] — »*Ixion wurde auf ein flammendes Rad gesetzt, das durch die Luft wirbelte.«*[68] — *»Typhon war ein rauchspeiendes Ungeheuer mit feurigen Augen und Donnerstimme.«*[69] Zuletzt eine unglückliche Flugreise von Griechenland nach Dänemark: *»Phaeton konnte die Zügel der Sonnenrosse nicht mehr halten; er kam der Erde zu nahe und geriet in Brand. Phaeton stürzte in den Fluß Eridanos.«*[70]

Eridanos war ein im äußersten Westen gelegenes Seegebiet,[71] und im äußersten Westen lag gemäß der alten heidnischen Himmelsrichtungsbestimmung Dänemark.[27] Vielleicht sind es also die Reste von Phaetons Flugzeug, die dicht an der Verbindungsgeraden von Trelleborg nach Aggersborg liegen.

In der römisch-griechischen Mythologie finden wir eine besonders interessante Persönlichkeit namens Janus. Sie hat einen Beinamen, der uns zurück nach Dänemark führt. Janus wird in der Mythologie als einer der ältesten und eigenartigsten Götter geschildert. Er hatte zwei Gesichter — eines auf jeder Seite des Kopfes. Er war verantwortlich für Ankunft und Abreise, und sein Zusatzname war Bifrons.[68] Die Trelleborganlagen waren in gerader Linie zu der Austrittsrichtung zum Weltraum angelegt, dem Ausgang zwischen dem Van-Allen-Gürtel und dem Nordpolmagnetismus, und die Anlage ist in der nordischen Mythologie ausführlich beschrieben. Ihr Name ist Bifrost.

»Die Götter bauten eine Brücke von der Erde zum Himmel. Die Götter nannten sie Bifrost, die Menschen nannten sie Regenbogen. Das ist das phantastischste Werk, dreifarbig, und der rote Streifen in der Mitte ist brennendes Feuer«,[74] und: *»man sieht diese Brücke oft nur stückweise und nennt sie die zitternde und bebende Brücke, und der Donner davon ist wie ein Vorläufer des Weltunterganges.«*[75]

Man erkennt die Situation wieder. Sie gleicht dem Start einer Weltraumrakete vom amerikanischen Raumfahrtzentrum. Die Rakete erhält das Startsignal — drei, zwei, eins, null —, der Dampf der Kühlung der Raketenmotoren strömt unten aus, die Rakete beginnt sich zitternd und bebend zu erheben, die rote Farbe der Verbrennung zeichnet sich hinter der Rakete ab, während sie mit Donnergetöse in die regenbogenförmige Flugbahn hin zum Weltraum einschwenkt.

Diese phantastische Anlage Bifrost arbeitete natürlich unverständlich und furchteinflößend für die Menschen des Altertums. Kein Wunder, daß man in grenzenloser Bewunderung die fremden Erbauer für Götter hielt, die vom Himmel gekommen waren und auf die gleiche Weise, wie sie gekommen waren, wieder fortfliegen konnten. Natürlich wurden die Bauwerke mit ihrer Fremdartigkeit zu heidnischen Heiligtümern. Die Mythologie berichtet uns davon, wie diese Heiligtümer konstruiert waren:

»So, wie die Vorbilder für diese Heiligtümer im Himmel waren, erbaute man auch die irdischen an hochgelegenen Stellen. Sie sind aus Holz und Stein, aber ohne Verkleidung. Jedes von ihnen ragt hoch in die Luft empor und ist von einem freien Platz umgeben und von einer Hecke umrahmt.«[76]

Aus Holz und Stein, ohne Verkleidung und hoch hinauf in die Luft: das Bild der baulichen Anlagen in Bifrost, der Brücke zwischen Himmel und Erde, wird deutlich. Man lege ein großes Kreuz auf die Erde wie in Trelleborgs Grundriß, baue vier hölzerne Türme in der gleichen Konstruktionsweise wie der Eiffelturm, errichte einen Ringwall außen herum, und es entsteht das Modell der Anlage Bifrost.

Auch über die Holzart der Bauwerke berichtet die Mythologie. Etwa 20 Jahre vor unserer Zeitrechnung schrieb der Historiker Diodoros Siculus folgendes:

»Nördlich des Nordwindes wohnt ein glückliches Volk, das den Sonnengott Apollon anbetet. Auf ihrer Insel befinden sich sowohl ein prächtiges Heiligtum als auch ein bemerkenswerter Tempel, der mit vielen Opfergaben geschmückt ist und eine kreisrunde Form hat.«[51]

Diese Insel muß Eskeholm mit der heidnischen Stadt Rethre gewesen sein, denn auf dieser Insel gibt es auch außerhalb des Ringwalles einige markante Spuren, von denen in der nordischen Mythologie ausführlich die Rede ist. Auf den ältesten Landkarten der Insel ist der Name mit »sch« »Escheholm« geschrieben, und diese Esche, die der Insel ihren Namen gab, war so berühmt, daß die Einwohner im Süden die Bewohner des Nordens Askomanner (Eschenmänner) nannten.[46]

Diese namensgebende Esche wird in der Mythologie eingehend beschrieben. Der Baum hatte den fremdartigen Namen Yggdrasil, und die beste Beschreibung finden wir im Buch *Symbolik und Mythologie* auf Seite 547 unter der Überschrift »Yggdrasil und die Bewohner der Esche«.

»Die Hauptstadt unter den heiligen Städten der Götter befindet sich beim Eschenbaum Yggdrasil, dort haben die Götter ihren Gerichtssitz. Yggdrasil ist der größte und beste Baum, sein Geäst geht über die ganze Erde hinweg und hinauf in den Weltraum. Er hat drei Wurzeln, die sich weithin erstrecken, die eine bis zu den Göttern, die zweite zu den Riesen, die es einst im Weltraum Ningunna-gap gab, und die dritte nach Niflheim im kalten Norden. An der Wurzel, die nach Niflheim geht, befindet sich der Brunnen Hvergelmer, an der Wurzel, die zu den Riesen geht, befindet sich der Mi-

mers-Brunnen, und an der Wurzel, die zu den Göttern geht, befindet sich Urds Brunnen, von dem aus die Götter jeden Tag über Bifrost abreisen.«[55]

Die Insel Eskeholm hat eine faszinierende Geschichte mit ihren vielen Spuren der Vorzeit und des großen Heiligtums. Aber es gibt noch mehr. Die Spuren der drei Brunnen sind auch dort; sie sind alle kreisrund und befinden sich auf der flachen Strandwiese unterhalb des Plateaus von Eskeholm (Abb. 16). Einer von ihnen auf der Nordwestseite der Insel, einer gegen Nordost, und der wichtigste, Urds Brunnen, von wo aus die Götter täglich über Bifrost ausflogen, befindet sich an der Stelle, von der aus Damm und Brücke nach Endebjerg auf Samsö hinüberführten. Der berühmte Baum, der bis in den Weltraum hinaufragte, muß das Bauwerk auf Eskeholm gewesen sein, und das Material, aus dem es gebaut war, war Eschenholz. Es ist ein Material, das gut geeignet ist, um Türme daraus zu bauen, weil es ganz besondere Eigenschaften hat: sowohl Härte als auch Elastizität. Für die Funktion der Brunnen hat die Mythologie folgende Erklärung:

»*Jeden Tag befeuchten sie die Esche mit Brunnenwasser und mit dem Lehm oder mit dem Klebematerial, das dort herumliegt, damit das Eschenholz nicht eintrocknen oder vermodern kann. Das Wasser ist so heilig, daß alle Dinge, die in das Wasser gelangen, so weiß wie die Haut zwischen Eierschale und Eiweiß werden.*«[77]

Das hört sich so an, als ob es eine klare Imprägnieflüssigkeit gewesen ist. Es ist äußerst interessant, daß die Flüssigkeit Quarz und Glimmer (im Lehm) enthielt, die einzigen natürlichen Materialien, die in keiner Weise von Wär-

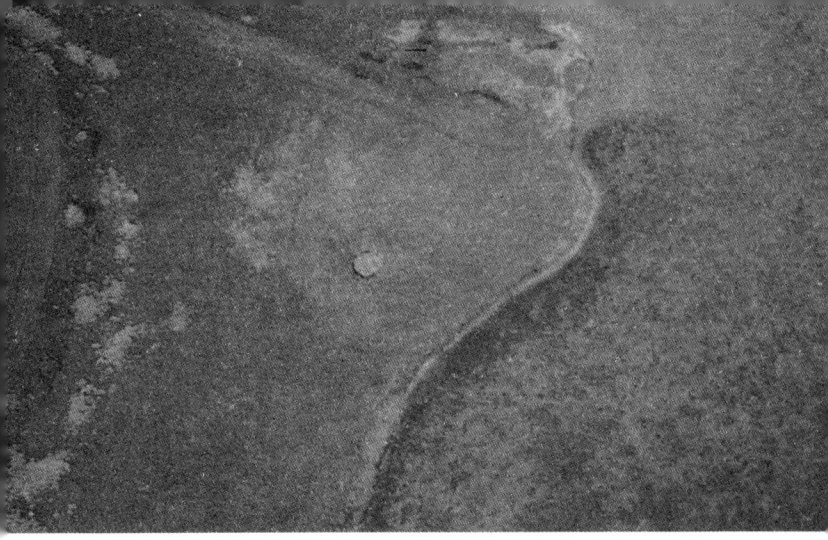

Abb. 50: Die Umgebung des Urtharbrunnens auf der Wiese am Strand von Eskeholm ist immer heller als die Umgebung. Alle drei Brunnen kann man auf Bild 16 sehen.

Wärme oder Kälte beeinflußt werden. Keine Säure greift sie an, und das Material ist der absolut beste elektrische Isolator; ein schönes Indiz dafür, daß diese phantastischen Bauwerke in den Trelleborganlagen technische Wunderwerke waren.

Die Flüssigkeit, mit der man das Eschenholz behandelte, war äußerst dauerhaft. Das Gelände rings um Urds Brunnen auf Eskeholm ist noch immer heller als die übrige Wiesenumgebung. Archäologen und Chemiker müßten die Reste dieser Materialien im Erdboden analysieren und herausfinden können, wie die chemische Zusammensetzung war. Man betrachte das Luftbild (Abb. 50). Die weiße Farbe rings um den Urtharbrunnen ist leicht zu erkennen.

Ebenso wie Delphi, Dodóna und Ptoion in Griechenland hatte auch Rethre auf Eskeholm in Dänemark ein Orakel,[78] das aber plötzlich nicht mehr funktionierte.

Vielleicht stellte der Computer bei der Explosion bei Aggersborg seinen Betrieb ein. Eskeholm liegt, bezogen auf Aggersborg, in der vorherrschenden Windrichtung, so daß sich üble Gerüche von hier aus leicht bis nach Eskeholm ausbreiten konnten. Die Mythologie berichtet folgendes:

»Erde und Sonne standen still, der Strom von vergifteter Luft wollte nicht aufhören, am Mimersbrunnen stoppte das Orakel.«[79]

Das war eine schlimme Geschichte aus Eskeholms Blütezeit. Die giftige Luft könnte auf die Folgen einer Atomexplosion hindeuten. Vielleicht war es das Kraftwerk bei Aggersborg, das bei dieser Gelegenheit in die Luft ging, vielleicht waren es auch nur die Abgase der Rakete, die die Fremden — die Götter — und mit ihnen den Hauptcomputer dorthin zurückbrachten, von wo sie gekommen waren.

Nun wäre es merkwürdig, wenn nicht irgend jemand daran gedacht haben sollte, einige Bilder oder Zeichnungen von Bifrost zu hinterlassen, dieser mächtigen technischen Anlage, die sich von Delphi in Griechenland bis Aggersborg in Dänemark erstreckte. Damit müssen wir uns noch näher beschäftigen, aber zuerst versuchen wir uns vorzustellen, wie der Ablauf der Ereignisse gewesen sein könnte, als die Fremden vom nächsten bewohnten Planeten im Weltraum die Erde zum ersten Mal sahen und zur Landung auf dem blauen Planeten ansetzten.

Geschichte oder Science-fiction?

O'Diin, der befehlshabende Kommandant des Raumschiffes, atmete erleichtert auf. Das Raumschiff Okéanos hatte sein Ziel erreicht. Nach einer langen Reise durch den Weltraum hatte das große Raumschiff endlich seine Umlaufbahn um den blauen Planeten gefunden. Man umkreiste ihn jetzt täglich elfmal in einer ellipsenförmigen Bahn, so daß man abwechselnd die weißen eiskalten Pole und den warmen Äquator betrachten konnte, wo die Farben vom dunkelsten Blaugrün bis zum hellen Beige wechselten.

Sie kamen von einem Planetoiden in der Kleinplanetenfamilie Grecis/Griechen, weit draußen im Gebiet zwischen Mars und Jupiter. Dort war Leben nur möglich, weil die Nutzung der unerschöpflichen Gravitationswechselkraft gelungen war, die unbegrenzten Energieverbrauch zuließ.

»*Der Oberste*« hatte das große Weltraum-Analyseprojekt in Gang gebracht, das dem dichtbevölkerten Planetoiden Aufschlüsse über Planeten in erreichbarer Nähe bringen sollte, die annehmbare Möglichkeiten für eine Besiedlung durch spätere Generationen boten. Die lange Reise war durch die Ausnutzung der Trägheit des Planeten Ikarus möglich gewesen, der durch seine eigenartig diagonale Umlaufbahn, verbunden mit einem präzisen Timing für An- und Abflug, die Reisezeit erheblich verkürzt hatte.

Das Raumschiff hatte während der gesamten Reise einwandfrei funktioniert, trotz seiner enormen Größe und der gigantischen Menge an Mannschaft und Ausrüstung. Besonders die Landefahrzeuge hatten viel Platz benötigt, obwohl sie eng verstaut waren, so daß man sie nur in der richtigen Reihenfolge auspacken konnte, und obwohl einige von ihnen zusammenlegbare Amphibienfahrzeuge waren. Ganz außen hatte man das Landemodul Uranos angebracht, bis zum Rand gefüllt mit Ausrüstung zur Entnahme von Proben aller Art, zur Untersuchung und Berichterstattung, komplett mit Notausrüstung. Und für den Fall, daß sich etwas Unvorhergesehenes ereignen sollte, gab es aus Sicherheitsgründen insgesamt drei Fahrzeuge dieser Art.

Danach folgten in Frachtraum auf Frachtraum die Mannschaftstransportmobile, Versorgungs- und Werkstattmobile, Laboratoriumsmobile und Schwertransportfahrzeuge, eine ganze Luftarmada, die noch einiges Aufsehen erregen sollte, als sie an der vorgesehenen Stelle auf der Erde landete.

Durch Spektralanalysen hatte man jahrelang den Erdball kartographiert und die physikalischen und chemischen Gegebenheiten für Menschen und Tiere festgestellt, so daß man auf fast alle Möglichkeiten vorbereitet war. Man wußte, daß der am dichtesten bevölkerte Teil in der Äquatorregion lag, weit entfernt von den kalten Polen. Um aber keine größeren Tumulte bei der Landung zu verursachen, wählte man einen Platz fernab des Menschengewimmels in den kühleren nördlichen Gegenden, wo man nur eine kleine Anzahl von Eingeborenen zu treffen erwartete. Die wollte man davon überzeugen, daß man in friedlicher Absicht kam, damit es nicht notwendig würde, sie allesamt umzubringen.

Der Befehl der Raumfahrtbehörde lautete, auf einem geeigneten Landeplatz niederzugehen, den Testhund Garmr aus dem Landungsmodul auszuschleusen, um die Atmosphäre und die Qualität des Wassers zu prüfen, und dann mit den geplanten Aufgaben zu beginnen. Eine Gruppe von Wissenschaftlern sollte in dem erdumkreisenden Raumschiff zurückbleiben, um die eingesammelten Materialien mit Hilfe des Hauptcomputers des Raumschiffes zu untersuchen, andere Gruppen sollten auf der Erde mit dem Bau der großen technischen Anlage beginnen, die die Kommunikation mit dem Heimatplaneten sowie die Rückreise zu diesem sichern sollte. Eine dritte Gruppe sollte versuchen, Kontakt zu den Bewohnern des blauen Planeten aufzunehmen, und lernen, sich mit ihnen zu verständigen. Sie sollten ihnen, wenn möglich, begreiflich machen, daß, obwohl diese Fremden vom Himmel herabgekommen waren und offensichtlich mit ihren medizinischen Kenntnissen und ihrer Technik Wunder vollbringen konnten, sie doch keine Götter, sondern Menschen waren, Menschen auf einem höheren technischen Stand. Das war eine Aufgabe, die sich bei früheren Landungen auf anderen Planeten als außerordentlich schwierig erwiesen hatte. Des weiteren sollte man versuchen, die Eingeborenen über die Grundprinzipien der Wissenschaft zu belehren, die bis jetzt auf dem Erdball noch völlig neu und unbekannt war.

Kommandant O'Diin hatte daran gedacht, die Psychologiegruppe selbst zu leiten, denn auch auf dem Planeten, von dem man gekommen war, kannte man die Probleme des menschlichen Verhaltens. Nicht alle hatten den edlen Charakter, von dem man sich gerne wünschte, er sei vorherrschend. Der Kommandant war selbst beteiligt gewesen, die Leute für diese anforderungsreiche Fahrt auszuwählen. Aber während der Reise durch den Weltraum hatte man gewisse Schwierigkeiten mit dem reizenden Ingenieur L. O. Ke gehabt, den der Minister für Transport und Raumfahrt so warm für die Tour empfohlen hatte. O'Diin mußte einräumen, daß ein besserer und erfinderischerer Elektrotechniker schwerlich zu finden war, charmant und beredt war er auch. Aber er konnte, was der Kommandant nur zu sich selbst zu sagen wagte, in seinem Wesen auch etwas hinterlistig sein. Mit seiner Redegewandtheit jedoch erreichte er stets einen Freispruch, selbst wenn das eigentlich nicht immer ganz vernünftig war.

Schön, das alles war jetzt nicht mehr zu ändern, so mußte das Vorhaben seinen Gang nehmen. Nach einer ausreichenden Wartezeit in der Umlaufbahn, in der sich alle an die jetzt weit geringere Geschwindigkeit gewöhnten, sollte das Landemodul herabgesandt werden, um die Ankunft der übrigen Mannschaft und Ausrüstung vorzubereiten.

Chefpilot T. H. Or war wie gewöhnlich ungeduldig. Wenige Tage nach der Ankunft waren die Wetteraussichten günstig, und der Landungsbefehl wurde gegeben. Das Landemodul trat exakt in die Atmosphäre ein und erreichte kurz danach die vorgesehene Landestelle in der Nähe eines Wasserlaufes, wo Kühl- und Trinkwasser leicht zugänglich waren, und auf einem Platz, der unbebaut zu sein schien. Der Testhund Garmr wurde ausgesetzt. Als er umhersprang und begeistert bellte und aussah, als ginge es ihm ausgezeichnet, und nachdem er von dem Wasser des nahe gelegenen Wasserlaufes getrunken hatte, wurde Befehl gegeben, die Projekte auf der Erde zu beginnen.

Eine unangenehme Überraschung erlebte man jedoch beim Anflug. In einer Höhe von 10 000 Fuß, als das Landemodul zur Landung nach vorn gedreht wurde, beschleunigte sich der Fall zur Erde zu schnell, und der

Abb. 51: Fyrkat-Ringwall oben rechts. Ringe von etwa 6 Meter Durchmesser unten links in der Ecke des Bildes. Aus der Zeitschrift »Skalk«.[122] Foto: Thorkild Balslev

Luftdichtemesser wanderte aus dem grünen Feld über das gelbe in den roten Bereich. Das zeigte an, daß die umgebende Luft weniger tragfähig war als vorausgesehen. Blitzschnell erhöhte man deshalb den Schub der Bremsraketen bis zum Maximum, das rüttelte das Fahrzeug gehörig durch. Aber einige Minuten später war die Landung mit einem Stoß überstanden. Er war jedoch nicht so ernst, daß dadurch ein Schaden entstanden wäre. Das einzige, was man danach feststellen konnte, war ein großer Brandfleck auf der Erde, dort, wo das Landemodul aufgesetzt hatte, und dieser Fleck mit seiner markanten

Form, ein perfekter Kreis, blieb auf ewig am Landeplatz erhalten. Und die gleichen Ringe wurden an allen Orten, an denen man die großen Anlagen baute, welche die Verbindung mit dem Heimatplaneten sicherstellen sollten, auf dem Boden hinterlassen.

Ja, der Fleck war so hübsch, daß vorgeschlagen wurde, diese Figur zum Abzeichen der Expedition zu machen. Aber O'Diin, der stets etwas mehr über die Dinge nachdachte, beschloß, daß es — da man nun eine Reihe von Ringwällen mit jeweils einem großen Kreuz darin errichten wollte — zweckmäßiger sei, einen Kreis mit einem Kreuz darin als Kennzeichen zu gebrauchen. Damit hatte man nun gleichzeitig ein leicht verständliches Piktogramm, das überall verwendet wurde, wo eine Anlage gebaut werden sollte.

Und so geschah es. Aber die Markierungen auf dem Erdboden blieben auch erhalten, und als die Archäologen viele, viele Jahre später Luftbilder der großen Ringwälle aufnehmen ließen, da war man von dem schönen geometrischen Muster auf dem Boden so hingerissen, daß niemand die »Warenzeichen« am Boden rund um die Ringwälle beachtete (Abb. 51).

Die Steinzeichnungen erzählen dieselbe Geschichte

Aus der Luft, von einem kleinen, niedrigfliegenden Flugzeug aus, fanden wir die erste Spur, die uns erzählte, daß der Ursprung der Trelleborganlagen von ganz anderer Art sein mußte, als bisher angenommen worden war. Die Anlagen wurden in einem ganz anderen und viel größeren Zusammenhang betrieben, als irgend jemand sich hätte vorstellen können. Wir fanden heraus, daß diese phantastischen Anlagen Spuren in der Mythologie, in der Religion, in der Geschichte und im Erdboden hinterlassen hatten. Aber wie zu erwarten war, sind auch Zeichnungen hinterlassen worden, die dieselbe Geschichte erzählen.

Das Vorbild für eine dieser Zeichnungen — eine Landkarte — muß an einem Ort hoch oben in der Luft entstanden sein. Wir versuchen uns vorzustellen, wie das zugegangen sein kann.

Das große Raumschiff von dem fremden Planeten kreiste in seiner Umlaufbahn um die Erde, vollauf beschäftigt mit der Lösung aller möglichen Aufgaben während des langen Zeitraumes, in dem die Landeteams unten auf der Erde die Anlagen Olympia, Ptoion, Delphi, Dodóna, Trelleborg, Eskeholm, Fyrkat und Aggersborg aufbauten. Eine der Aufgaben des Raumschiffes war es, mit Instrumenten und optischen Geräten, die die Atmosphäre und die Wolkenschichten durchdringen konnten, Bilder der Landstriche entlang der Bahn des Raumschiffes aufzunehmen.

So könnte es jedenfalls zugegangen sein, denn Anfang des Jahres 1700 fand man im Topkapi-Palast in Istanbul — jetzt türkisch, früher griechisch — eine Weltkarte, die einem türkischen Marineoffizier namens Piri Reis gehört hatte.[23] Die Karte, die im Jahre 1513 gezeichnet worden war, war nach älteren griechischen Karten angefertigt worden.[103] Verschiedene Fachleute, darunter Spezialisten des kartographischen Instituts der amerikanischen Marine sowie des Weston-Observatoriums an der Universität Boston, stellten fest, daß die meisten Details der Karte so präzise waren, als hätten ihr Luftaufnahmen zugrunde gelegen. Die Anordnung der einzelnen Kartenteile zueinander ist aber teilweise verzerrt und fehlerhaft, gerade so, als hätte jemand, der selbst keine Vorstellung vom wirklichen Aussehen der Erde hat, aus durchaus exakten Gebietskarten eine Weltkarte zu rekonstruieren versucht.

Auf der entgegengesetzten Seite des Erdballes fliegt unser Raumschiff dicht am Südpol vorbei, und die Karte zeigt Details der Antarktis, die erst in den allerletzten Jahren festgestellt werden konnten.

Auch auf der sogenannten Vinland-Karte, deren Entstehung auf etwa 1440 datiert wird, findet man ähnlich genaue Darstellungen, besonders der Details im Gebiet Griechenland—Dänemark—Island—Grönland — also entlang der Bifrost, der Großkreislinie Delphi—Aggersborg. Die grönländischen Fjorde sind perfekt eingezeichnet, was kaum im Rahmen dessen zu liegen scheint, was im Jahre 1440 möglich gewesen war. Die Form Islands wurde richtig wiedergegeben, in Dänemark ist der Limfjord stark betont. Das muß in hohem Grade Bedeutung für

Abb. 52: Zeichnung auf einer Felswand in Armenien (früher griechisch) nach A. Bauer,[23] Seite 98. Eine »Trelleburg« mit Norden im Nordosten, wie in der heidnischen Auffassung, und mit Öffnung nach Nordwest (Ausgang zum Weltraum).

die Leute gehabt haben, die eine Verbindung zur Anlage von Aggersborg am Limfjord hatten.

Die Erklärung für die Existenz dieser und der Piri-Reis-Karte muß sein, daß sie Kopien von noch älteren Weltkarten sind, die nach aus sehr großer Höhe aufgenommenen Luftbildern gezeichnet wurden. Es muß also jemand dort oben gewesen sein, will man die Herstellung dieser für das Altertum ganz phantastischen Weltkarten erklären.

Auch unten auf der Erde gab es Leute mit Zeichentalent. In Armenien, das vor langer Zeit zum griechischen Gebiet gehörte, fand man auf einer Felswand eine Zeichnung[23] der alten nordischen Himmelsrichtungseinteilung,[27] mit Norden nach [dem heutigen (A. d. Ü.)] Nordosten gerichtet, mit dem Kreuz im Ring wie bei den »Trelleburgen« und mit Ausgang nach Nordwest (Abb. 52).

In Griechenlands »geometrischem Stil« gibt es eine große Menge kleiner Kreuze mit jeweils vier Punkten im Kreuz, ein Trelleborg en miniature; der Grundriß eines Interferometers mit vier Türmen. Genau das gleiche Motiv findet man auf einem Thorshammer aus Silber, der auf Bornholm gefunden wurde (Abb. 53).

Das Kreuz war nicht die Erfindung der Christen, die Heiden gebrauchten es Jahrhunderte vor unserer Zeitrechnung. In Himmerland fand man eine hölzerne Gußform mit zwei Kreuzen und einem Thorshammer. Das Kreuz taucht überall im heidnischen Altertum auf (Abb. 54).

Zahlreiche Bilder bestärken die Geschichte von Bifrost: Man muß nur imstande sein, einen Besuch von einem fremden Himmelskörper auf der Erde vor langer Zeit zu akzeptieren, dann ist eine unglaubliche Menge von Beweisen zu finden. Professor P. V. Glob hat mit einzigartiger Gründlichkeit phantastisches Material über Steinzeichnungen zusammengetragen und es in dem Buch *Helleristninger i Danmark*[6] (Steinritzzeichnungen in Dänemark) veröffentlicht. Das Buch erwähnt Raumfahrt mit keinem einzigen Wort, aber die Bilder erzählen ihre eigene Geschichte. Der Verfasser gibt den Zeitpunkt der Entstehung der Steinzeichnungen mit etwa 1500 bis 500 Jahren vor unserer Zeitrechnung an. Dieser Zeitpunkt stimmt gut mit dem Zeitpunkt der unglaublichen Expansion der Griechen überein, die sie zu Herren über die halbe Welt machte.

Abb. 53: Foto des Nationalmuseums. Thorshammer, gefunden auf Bornholm. Auf dem Schaft das Kreuz mit vier Punkten, der Grundriß der »Trelleburgen«.

Abb. 54: Foto des Nationalmuseums. Fund bei Trendgaarden in Himmerland. Thorshammer und Kreuz der »Trelleburgen«.

P. V. Glob erzählt auch, daß die Steinzeichnungen in einer einzigartigen Technik ausgeführt sind, bei der Breite und Tiefe der Striche immer im gleichen Verhältnis zueinander stehen, so daß die Vertiefung im Stein stets den gleichen regelmäßigen Bogen ergibt, immer blank und glatt, als sei er poliert. Das weist darauf hin, daß technische Hilfsmittel bei der Anfertigung der Zeichnungen verwendet wurden. Die ungeheure Menge von Steinzeichnungen, verstreut über ganz Dänemark, deutet darauf hin, daß entweder derselbe Künstler sein ganzes Leben lang unterwegs war, um die Bilder einzumeißeln, oder daß überall das gleiche Gerät verwendet wurde. Man nannte die Technik »*riste*« (A. d. Ü.: dänisch »Runen ritzen«, hauptsächlich aber »rösten«), und »riste« hat mit Wärme zu tun; vielleicht schmolz man also die Zeichnungen mit einer Art Laserpistole in die Oberfläche der Steine ein.

Vielleicht war Thors Hammer gar kein Hammer, sondern eine Strahlwaffe. Die Mythologie berichtet darüber:

»Herrlich war er anzusehen, eine gute Waffe im Kampf, aber der Schaft war etwas zu kurz. Der Hammer hatte die Eigenschaften, die er haben sollte. Er traf, wohin man zielte, und kehrte von selbst in die Hand zurück«, — *»Seinem gefährlichen Hammer war nicht zu entgehen, und er war auch nicht zu fassen, da er immer wieder zurückflog — der Hammer war immer in einem Holster an der Brust versteckt.«*[49]

Eine sehr moderne, wirkungsvolle Strahlenpistole in einem Lederetui an einem Riemen über der Schulter muß das gewesen sein; sie hat sicher spielend leicht Zeichnungen in Stein ritzen können, und was für Zeichnungen! Sehen wir uns einige von ihnen an.

Abgesehen vom Schalenzeichen ist der Ring mit einem Kreuz das am häufigsten verwendete Einzelbild. Es wurden in Dänemark 59 Orte mit über 100 Einzelzeichnungen gefunden. Dazu kommen noch die zahllosen Zeichnungen von Ring und Kreuz, die es in Griechenland gibt; es gab sogar Leute auf Kreta, die vor ungefähr 3500 Jahren mit diesem Zeichen unterschrieben (Abb. 55). Und dann gibt es noch die Zeichnungen mit Ring und Kreuz, die wir beim Hafen von Trelleborg gefunden haben (Abb. 6 und 9).

Lassen wir die Steinzeichnungen erzählen. Aus Djursland: drei »Trelleburgen« und ein Ring mit eingezeichneter Bifrost-Richtung sowie eine große Menge »Schalen« darüber (Abb. 56).

Aus Nordwestseeland: neun »Trelleburgen« mit eingezeichneter Bifrost-Richtung und dazu zwei nach Nordwesten ausgerichtete »Parabolspiegel« (Abb. 57).

Von Bornholm: zwölf »Trelleburgen«, zwei von ihnen mit dem Ausgang nach Nordwesten als Bogenlinie markiert und an deren Ende eine »Schale« (Abb. 58).

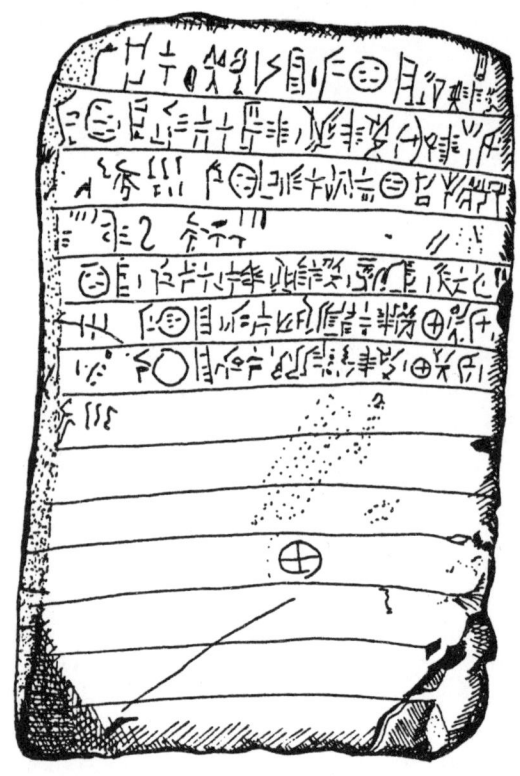

Abb. 55: Schrifttafel, gefunden bei Knossos auf Kreta. Die Schrift konnte nie gedeutet werden. Die Tafel, die mit Kreuz und Kreis unterschrieben ist, befindet sich im Museum von Iraklion auf Kreta. Die Schrift wird »Linear B. Py An 607« genannt. Aus dem Buch »Wohin der Stier Europa trug«.[118]

Aus Himmerland: eine »Trelleburg« mit vier »Schalen« auf dem Weg nach Nordwesten (Abb. 59).

Diese schalenförmigen Vertiefungen findet man zu Hunderten fast überall, wo es Steinzeichnungen gibt. Vielleicht liegt das nur daran, daß die Argonauten, bevor sie

Abb. 56: Drei »Trelleburgen«, Kreis mit der Bifrost-Richtung und darüber eine Menge fliegender Schalen. Foto Lennart Larsen[5], von Djursland.

Abb. 57: Steinzeichnung von Nordseeland. Neun »Trelleburgen« mit Bifrost-Richtung und zwei Parabole in Richtung Nordwest. Zeichnung von Kriegsrat S. Schlötz.[6]

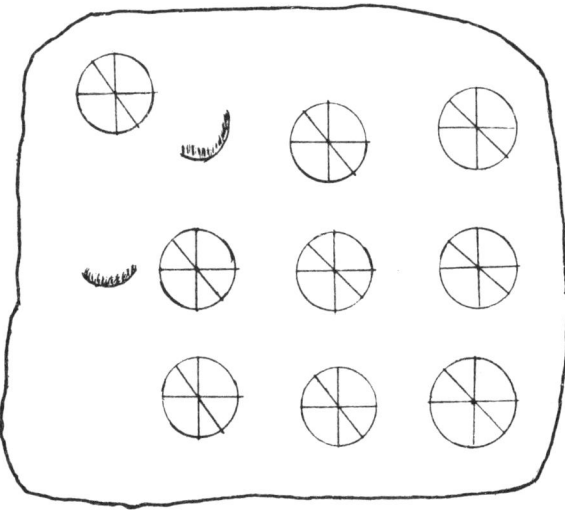

eine Steinzeichnung begannen, die Wirkung des Gerätes auf den Stein ausprobierten — wobei in der Oberfläche des Steines eine solche schalenartige Mulde entstand —, genauso wie man auf dem Papier einen kleinen Punkt oder Strich macht, um einen Kugelschreiber zu prüfen, bevor man zu zeichnen oder zu schreiben beginnt. Oder vielleicht stellen die schalenförmigen Gruben in Wirklichkeit die Schalen dar, die heute als »fliegende Untertassen« bezeichnet werden.

Kann deutlicher gesagt werden, daß Ring und Kreuz mit dem Fliegen zu tun haben, als durch Abbildung 60, das Foto einer Steinzeichnung aus Bohuslän in Gotland: Eine Person fliegt mit Hilfe eines Ringes mit einem Kreuz darin durch die Luft nach Nordwesten.

Oder was ist mit dem Fußabdruck eines Eingeborenen mit nackten Zehen, Seite an Seite mit dem Fuß eines Vogels, eines Fliegers? Und auf demselben Stein ein Fußabdruck eines Argonauten mit Raumstiefeln und mit 12 »fliegenden Untertassen« rings um den Stiefelabdruck. Gefunden bei Truehöjgaard in Himmerland in der Nähe von Fyrkat (Abb. 61).

Besonders eigenartig ist das Bild einer ausgestreckten Hand, die auf vier Striche oder Punkte zeigt, sicher auf die vier Bifrost-Anlagen in Dänemark: Trelleborg—Eskeholm—Fyrkat—Aggersborg (Abb. 62). Dieses Motiv ist nur aus Dänemark bekannt. Zahlreiche dieser Zeichnungen wurden in Nordwestseeland gefunden und ein einzelnes Exemplar in der Nähe von Aggersborg.

Wir finden diese Hand, die auf vier Punkte zeigt, auf dem Steinbild eines Ringes mit dem alten nordischen Richtungssystem wieder (Abb. 63).

Ganz einfache Zeichnungen, und doch so schwierig zu deuten. Wie wird es da erst der amerikanischen Sonde »Pionier 10« ergehen, die mit einer Plakette durch den

Abb. 58: Zwölf »Trelleburgen«, zwei von ihnen mit Ausgang nach Nordwest (in Form einer Kurve) und einer Schale am Ende der Kurve. Foto P. V. Glob.[6] Bornholm.

Abb. 59: Himmerland. Eine »Trelleburg« mit vier Schalen oder fliegenden Untertassen auf dem Weg nach Nordwest. Foto P. V. Glob.[6]

Weltraum reist. Sie soll auf fremden Planeten über das Leben auf der Erde berichten, mit ihrer Hilfe soll man uns im Weltraum finden können. Man betrachte einmal die Skizze (Abb. 64). Was wird wohl der Finder daraus entnehmen, außer dem Eindruck, daß die Menschen auf der Erde keine Kleidung tragen?

Die Inschrift der Plakette von Pionier 10 ist jedoch eine kodierte Mitteilung von den Wissenschaftlern unserer Zeit, die hoffen, daß Wissenschaftler desselben wissenschaftlichen Niveaus einmal irgendwann in der Zukunft die Plakette finden und verstehen werden.

Eine leichter verständliche »Plakette« schuf man für uns in der Vergangenheit, irgendwann vor 3000—4000 Jahren. Eine Zeichnung auf Stein, die Professor P. V. Glob mit dem sicheren Gefühl, etwas Bedeutendes gefunden zu haben, als Titelbild seines Buches *Helleristninger i Danmark* (»Steinritzzeichnungen in Dänemark«) verwendete. Ob nicht dieses Bild die Plakette der Vorzeit für die Zukunft, für unsere Gegenwart ist?

Betrachten Sie diese Zeichnung genau, die in Engelstrup in Nordwestseeland gefunden wurde (Abb. 65). Das Bild erzählt die Geschichte der Abreise der Fremden und der Übernahme der Bifrost-Anlage durch die Erdbewohner.

Die Zeichnung zeigt vier Personen, die in zwei Zweiergruppen mit wichtigen Tätigkeiten beschäftigt sind. Die Fremden sind abgewandt, bereit zur Abreise. Die eine Person steht vor dem großen Fahrzeug und zeigt auf ein kleines und ein großes Schalenzeichen auf dem Weg nach Nordwesten: das Raumfahrzeug auf seiner Bahn zum Heimatplaneten. Die zweite Person hat vorn im Fahrzeug Platz genommen und ist dabei, Instrumente zu bedienen — vielleicht den Computer. Über dem großen Fahrzeug sieht man zwei schalenförmige Vertiefungen,

Abb. 60: Steinzeichnung, gefunden in Bohuslän auf Gotland, eine Person fliegt durch die Luft mit Hilfe von Kreis und Kreuz.

Abb. 61: Gefunden zwischen Fyrkat und Aggersborg. Fußabdruck eines barfüßigen Eingeborenen zusammen mit einem Vogelfuß und dem Fußabdruck eines Astronauten mit Schalen (Ufos?). Foto P. V. Glob.[6]

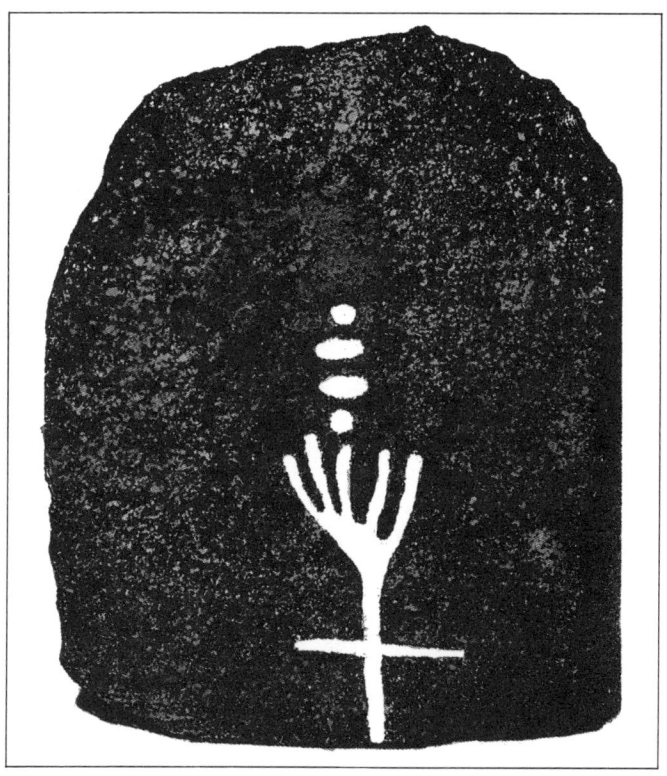

Abb. 62: Eine Hand zeigt auf vier Punkte. Das könnte der Weg entlang Bifrost via Trelleborg, Eskeholm, Fyrkat und Aggersborg sein. Foto P. V. Glob.

die kleinere mit einer Linie herunter zu dem kleinen Schiff und die größere mit einer Linie zu dem großen Fahrzeug. Wie die kleinen Schiffe der Menschen erscheinen die kleinen Fahrzeuge, und wie Schiffe für viele Passagiere sind die großen Raumfahrzeuge.

Die beiden anderen Gestalten beachten dies nicht, sie sind zu sehr mit dem beschäftigt, was zurückgelassen

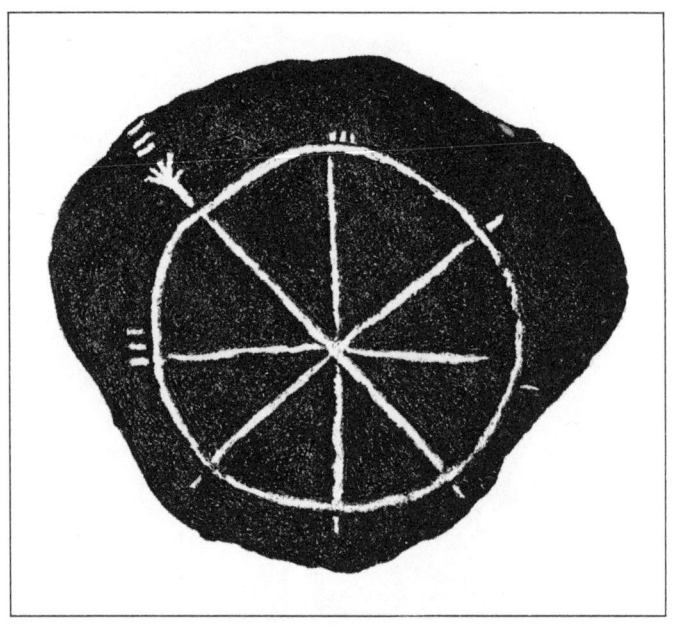

Abb. 63: Gefunden auf der Heide zwischen Fyrkat und Aggersborg. Altnordisch West ist in Richtung Nordwest mit dem Zeichen einer Hand und parallelen Strichen eingezeichnet. Foto Lennart Larsen.[6]

wird. Er übernimmt mit Besitzergebärde die runde Bifrost-Anlage. Sie klatscht begeistert in die Hände über das, was letztlich die Grundlage für die großen Heiligtümer des heidnischen Glaubens schaffen wird. In Griechenland waren das Delphi, Dodóna, Ptoion und Olympia, und in Dänemark das Heiligtum Lumneta im Ringwall von Aggersborg — Hauptsitz der heidnischen Lichtreligion und der Ort, an dem man im Abstand von 19 Jahren große Feste abhielt, weil man jeweils dann die Rückkehr der Götter von dem Planeten erwartete, der

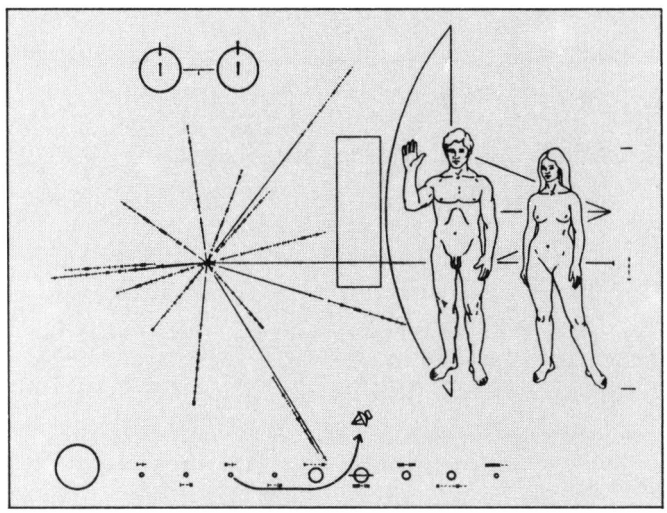

Abb. 64: Aus dem Buch über Astronomie von Peter Lancester Brown, Politikens Verlag.

genau zu diesem Zeitpunkt der Erde am nächsten war,[51, 55] — sowie Isfar bei Trelleborg und das Heiligtum Redigast in der Stadt Rethre auf Eskeholm, der Insel mit der weltberühmten Esche, die über die ganze Welt reichte, mit den drei Brunnen Urd, Hvergelmer und Mimer. Sie warten nur darauf, näher erforscht zu werden.

Der Parabelbogen am Ringwall von Trelleborg erwies sich als Schlüssel zu den Spuren großer Ereignisse im Altertum. Vielleicht ist sie auch der Schlüssel zur Zukunft. Ein Raumfahrtexperte sollte mit seinem Wissen und seinem Computer in der Lage sein zu berechnen, wo im Weltraum nach dem bewohnten Planeten gesucht werden muß, dessen Bewohner Bifrost, die Brücke zwischen Himmel und Erde, anlegten.

An irgendeinem Ort zwischen Delphi in Griechenland und Aggersborg in Dänemark, in archäologischen Funden, in der Mythologie, in den Spuren, die noch unter der Erde liegen, findet sich die endgültige Geschichte über die Erbauer der »Trelleburgen«, über ihren Plan, ihre Möglichkeiten und ihre Absichten.

Wir wissen bereits jetzt schon eine ganze Menge über diese Leute. Sie wurden Grecis genannt, sie reisten hinaus zu den Hyperboräern oder entlang der Hyperboloiden, Reisemöglichkeiten zu ihrem Heimatplaneten bestanden alle 19 Jahre[55], Ankunft und Abreise erfolgten in den Tagen vor Weihnachten gegen Abend, und der Anfangskurs zu ihrem Planeten ist Teil der Großkreislinie, die über Delphi in Griechenland via Trelleborg, Eskeholm, Fyrkat, Aggersborg über die Luftbrücke Bifrost, die bebende Brücke, hinaus in den Weltraum mit seinen fremden Planeten verläuft.

Die Reise, die weit in die Vergangenheit zurückging, endet hier, aber die Zukunft wird uns tüchtige Wissenschaftler und phantasievolle Amateure bringen, die mutig die Spuren der Vergangenheit unter ganz neuen Gesichtspunkten bearbeiten werden.

Abb. 65: Abreise der Fremden zum Heimatplaneten. Foto P. V. Glob,[6] aus Nordseeland.

Literaturhinweise und Kommentare

1. *Vikingerne som ingeniører (Die Wikinger als Ingenieure)*; Thorkild Ramskou, Rhodos Verlag, Kopenhagen 1981.
2. *Nationalmuseets blå bøger*, Trelleborg; Poul Nørlund, 1973.
3. *Trelleborg, Nordiske Fortidsminder (Trelleborg — Nordische Vorzeiterinnerungen)*; Poul Nørlund, Nationalmuseum 1948.
4. *Guder og Helte i Norden (Götter und Helden des Nordens)*; Anders Bäksted, Politikens Verlag, 1965.
5. *Trelleborgbroschüre 1973*; Poul Nørlund.
6. *Helleristninger i Danmark (Felsritzzeichnungen in Dänemark)*; P. V. Glob, Schriften der Jütischen Archäologischen Gesellschaft, Band VII, 1969.
7. *Bidrag til Vemmelev-Hemmeshøj Sogns Historie (Beitrag zur Geschichte der Gemeinde Vemmelev-Hemmeshöj)*; Fritz Jacobsen, Sorø Amtstidenes Bogtrykkeri, 1954.
8. Archiv der Stadt Korsør im Landesarchiv, Hefte mit Abschriften aus dem 17. Jahrhundert.
9. *Store Nordiske Konversationsleksikon (Großes Nordisches Konversationslexikon)* 1916—1924.
10. *Bidrag til Taarnborg Sogns Historie (Beitrag zur Geschichte der Gemeinde Taarnborg)*; Thorkild Winther, Buchhandel N. Zachariassen, Korsør 1925.
11. *Trelleborg, kæmpesten i ålejet (Megalithen im Flußbett)*; Bericht von Roussel vom 11.11.1943, Abteilung I des Nationalmuseums.
12. *Danske Borganlæg i Midten af det trettende Aarhundrede I (Dänische Burganlagen in der Mitte des 13. Jahrhunderts)*; Nationalmuseum 1972.
13. *Fyrkat*; Reichsantiquar Prof. Dr. phil. Olaf Olsen, Nationalmuseum.
14. *Kortlægning og historiske studier (Kartierung und historische Studien)*; Peder Bredsdorf, Lokalhistorische Abteilung, Kopenhagen 1973.
15. Adam von Bremen. *De hamburgske ærkebispers historie og nordens beskrivelse (Geschichte des Hamburger Erzbischofs und seine Beschreibung des Nordens)*; Rosenkilde und Bagger, 1968.

16. Adam von Bremen,[15] *Buch 2 — XXI.*
17. Adam von Bremen,[15] *Buch 4 — XVI.*
18. Adam von Bremen,[15] *Buch 2 — XXII.*
19. Adam von Bremen.
20. Adam von Bremen,[15] *Buch 4 — X.*
21. Adam von Bremen,[15] *Buch 2 — Scholie 56.*
22. Im Altertum gab es einen beträchtlichen griechischen Einfluß im Norden, besonders in der Umgebung der großen heidnischen Heiligtümer, wo die Götterstatuen von griechischen Künstlern erstellt und die Sockeltexte in griechischen Buchstaben ausgeführt wurden. Siehe »*Symbolik und Mythologie*«[55], *Buch V*, Seite 180. Der Verfasser dieses Buches, Dr. Friederich Creuzer, schreibt: »*Merkwürdig ist die Plazierung griechischer und deutscher Götter im wendischen Götterverzeichnis, die ihre Fremdartigkeit durch völlig andere Eigenschaften beweisen; vielleicht haben also die Wenden deren Bedeutung nicht richtig gekannt.*«
Das Buch »*Arkona-Rethra-Vineta*«[40] berichtet auf Seite 55, daß die heidnischen Heiligtümer in »Athener Stil«, also in griechischem Stil erbaut waren.
Adam von Bremen erzählt in *Buch Nr. 4:* »*diese Meeresbucht wird von denen, die darum herum wohnen, die Baltische genannt, weil sie sich wie ein Gürtel (dän. Bælt) bis herunter nach Griechenland erstreckt*«, und in seinem *Buch Nr. 2* schreibt er über die weithin berühmte heidnische Stadt Jumne: »*Die Barbaren und Griechen, die dort im Umkreis wohnen.*«
23. *Lexikon der Präastronautik*; Ulrich Dopatka, Wien und Düsseldorf 1979.
24. Adam von Bremen,[15] *Buch 3 — LXXI.*
25. Adam von Bremen,[15] *Buch 3 — LIV.*
26. Adam von Bremen,[15] *Buch 2 — XXI.*
27. *Verdenshjørnerne (Die Himmelrichtungen)*; Adam von Bremen,[15] *Buch 4—IV — 2).* Es gab früher zwei verschiedene Himmelsrichtungssysteme, die heutige magnetische Richtungsbezeichnung Nord—Ost—Süd—West sowie eine ältere nordische oder heidnische Himmelsrichtungsangabe:
heidnisch Nord = magnetisch ca. Nordost,
heidnisch Süd = magnetisch ca. Südwest,
heidnisch Ost = magnetisch ca. Südost,
heidnisch West = magnetisch ca. Nordwest.
Augenscheinlich ist die Richtung von Trelleborg nach Aggersborg für die heidnische Richtungsangabe West bestimmend gewesen (siehe Abb. 52 und 63).
28. Adam von Bremen,[15] *Buch 4 — XVI.*
29. Adam von Bremen,[15] *Buch 3 — LIV.*
30. Adam von Bremen,[15] *Buch 1 — XII.*

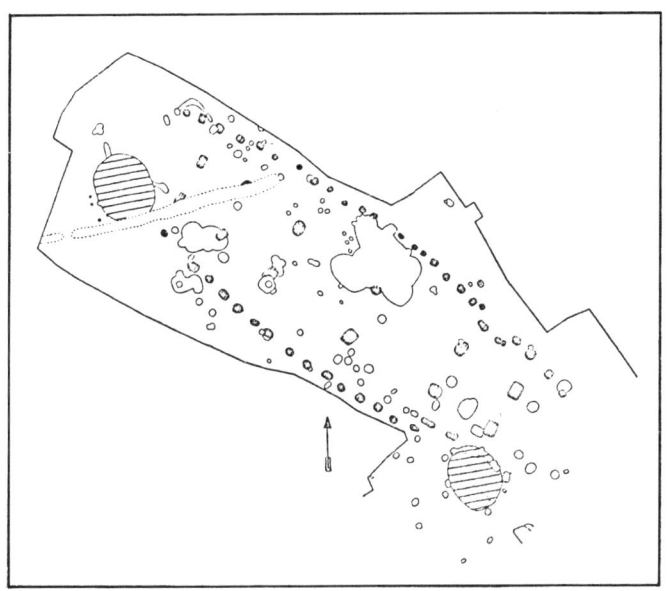

Abb. 66: Grundriß der ellipsenförmigen Pfostenkonstruktion und die Grundrisse der zwei Grubenhäuser in Endebjerg auf Samsö.
Die Pfostenkonstruktion sieht aus wie schwarze Flecken und die Grubenhäuser wie schraffierte Felder. In den Grubenhäusern wurde im August 1988 eine Topfscherbe aus dem Jahr 400 gefunden. Da die Pfostenlöcher verschwunden sind, als die Grubenhäuser gebaut wurden, muß die ellipsenförmige Pfostenkonstruktion sich auf der Stelle der Grubenhäuser befunden haben. Ein Beweis dafür, daß die Pfostenkonstruktion älter ist, weit älter als die Wikingerzeit.

31. Adam von Bremen,[15] *Buch 2 — XLVIII.*
32. Adam von Bremen,[15] *Buch 1 — XI.*
33. Adam von Bremen,[15] *Buch 2 — XLII.*
34. Adam von Bremen,[15] *Buch 3 — LI.*
35. Adam von Bremen,[15] *Buch 3 — Scholie 71.*
36. Adam von Bremen,[15] *Buch 4 — VIII.*
37. *OFFA; 1952 XI–XIII*, Landesmuseum Schleswig-Holstein.
Das Buch enthält eine Übersicht von Eckhardt Unger über die Versuche, die Lage von Rethre oder Rethra zu ermitteln.
Nach Rethre oder Rethra ist von einer großen Zahl von Forschern vergeblich an verschiedenen Orten in Mecklenburg gesucht worden. Wenn die Nachforschungen ergebnislos blieben, sind sicherlich eine ganze Reihe verschiedener Umstände dafür verantwortlich zu machen. Die Suche verlief nach Osten, mit Hamburg als Ausgangspunkt, weil Adam von Bremen darauf hinweist, daß man Rethre in vier Tagesreisen via Oldenburg erreicht. Es wurde angenommen, daß damit Oldenburg nahe der Mecklenburgischen Bucht gemeint sei, aber diese Stadt entstand erst viel später als das Oldenburg, das Adam von Bremen beschreibt. Adam von Bremens Oldenburg war viel älter und lag südlich von Schleswig, dem Schleswiger Dom gegenüber, am südlichen Ufer der Schlei. Der Ort heißt heute Haithabu. Daß Haithabu ursprünglich Oldenburg hieß, geht aus dem ältesten deutschen Meßtischblatt des Gebietes hervor, das im Landesarchiv Schleswig-Holstein aufbewahrt wird. Wahrscheinlich hat dieses Oldenburg den Namen von einer weit früheren Ansiedlung übernommen, die im Wald etwas nördlich von Haithabu lag und die auf dem gleichen Meßtischblatt den Namen Hochburg trägt. Es gibt dort noch Spuren einer kleinen, dichtbebauten Stadt, die auf dem höchsten Punkt lag und nach drei Seiten Aussicht auf das Wasser hatte.[42]
Hätte man nach Rethre in nördlicher Richtung gesucht anstatt in östlicher, so wäre die Suche möglicherweise von Erfolg gekrönt worden (Abb. 10).
38. Landkarte von 1585; Ballermann & Sohn, The Royal Library of Copenhagen.
39. *Orbis Latinus 1922*, Benedict, ein Buch mit Übersetzungen lateinischer Ortsnamen gibt folgende Übersetzung: »*Rethre = Oldenburg.*« Ferner hat es möglicherweise einige Verwechslungen der alten Ortsnamen gegeben, unter denen Rethre in Mecklenburg gesucht wurde: Rethra, Rheda, Rotra, Reda, Rethera und Rethrer Berge. Adam von Bremens Beschreibung von Rethre weicht in vielen Punkten so stark von Thietmar von Merseburgs Beschreibung von Rethra ab, daß eine gewisse Wahrscheinlichkeit besteht, daß zwei verschiedene heidnische Städte und Heiligtümer existierten, Rethre mit dem Heiligtum Redigast und Rethra mit dem Gott Zuarasici.

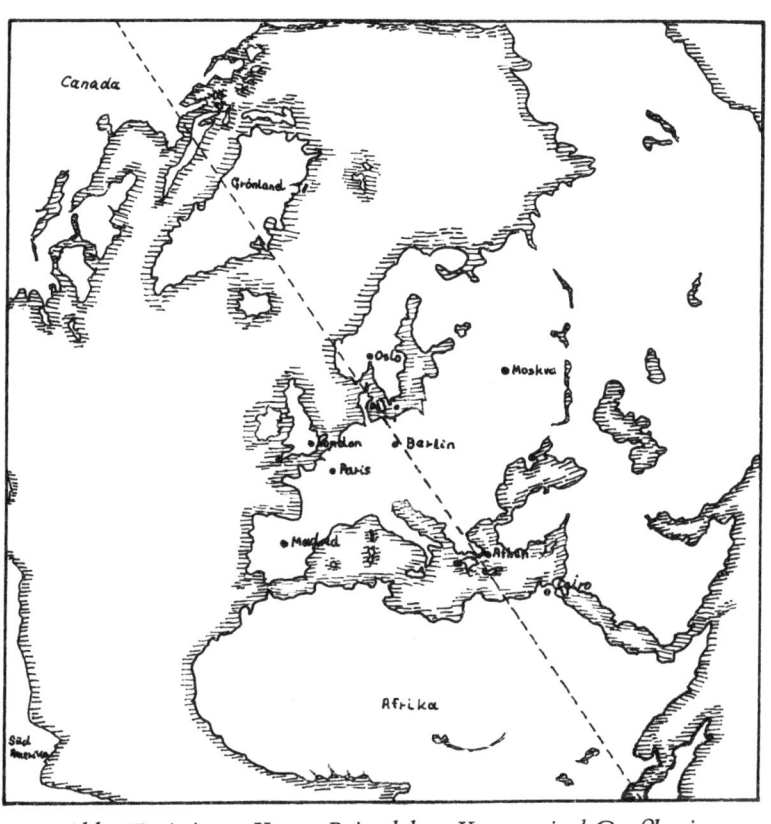

Abb. 67: Azimut-Karte. Bei solchen Karten sind Großkreislinien nicht bogenförmig wie auf normalen Kartentypen, sondern gerade Linien. Der Kartentyp wird bei der Flugnavigation verwendet. Die Karte oben zeigt die Länder der europäischen Seite der Erde, wie sie von einem Raumschiff aus aussieht. Mit gestrichelter Linie ist die Großkreislinie Delphi—Trelleborg—Aggersborg eingezeichnet.

40. *Arkona-Rethra-Vineta*; C. Schuchhardt, 1926, Verlag Hans Schoetz und Co. Der Verfasser dieses Buches kommt zu dem Schluß, daß es zwei verschiedene heidnische Städte und Heiligtümer gegeben haben muß, Rethra, das von einem großen Wald umgeben war, und ein anderes Heiligtum, das ganz von Wasser umgeben war — also eine Insel. Dieses wurde 1126—1151 ausgelöscht. Die Jahreszahlen der Vernichtung stammen aus Kriegsberichten, in denen gesagt wird, daß man 1126 und 1151 zwei Orte zerstörte, die folgendermaßen bezeichnet wurden: *»eine Burg mit Heiligtum«* und *»ein altes und berühmtes Heiligtum«.* Im Altertum nannte man den Stadtstaat Sparta in Griechenland »Groß Rethra«.

41. *Helmodi Presbyteri Chronica Slavorum*; Hannover 1968.

42. Topographische Karte, Meßtischblatt 1:25.000, 4 cm, 1523; Kropp 1879, Landesarchiv Schleswig-Holstein, Schloß Gottorp, Schleswig.

43. *Løgstør Grunde*; N. H. Lindhard, Limfjordsmuseum 1971.

44. *Jomsvikingernes Saga*; G. E. C. Gad, Kopenhagen 1978. Die Saga stammt aus den isländischen Handschriften »Den Arnamagnæanske Samling«, bei denen es sich um eine Anzahl handgeschriebener Berichte verschiedener, meist unbekannter Verfasser aus unterschiedlichen Zeitperioden handelt.

Die Jomswikinger-Saga wurde bisher für nicht historisch gehalten, aber wie aus dem Kapitel »Seeburg Samsborg« hervorgeht, scheinen die Berichte besonders präzise zu sein.

45. Skizze und Text von Just Thiele vom 24. Juli 1982; Abteilung I des Nationalmuseums.

46. Adam von Bremen[15], *Buch 2—XXXI — 1)*, Seite 96.

47. Notiz und Skizze von Olaf Olsen vom 25.3.1961; Abteilung I des Nationalmuseums.

48. *Atlas over Danmarks Mønter*; P. Hauberg, gedruckt Holm 1957, Arne Rasmussens Kunstauktion Nr. 455.

49. *Noriske Gudesagn (Nordische Göttersagen)*; Hans Povlsen, Gyldendal 1963.

50. *dtv-Atlas zur Weltgeschichte* 1964; München 1964.

51. *Det ukendte Danmark (Das unbekannte Dänemark)*; Kristian Kristiansen, Sphinx Verlag, Kopenhagen 1983. (Hinweis auf) Diodoros Siculus, Geschichtsschreiber des Altertums auf Sizilien 100—44 v. Chr., in dessen Büchern Texte des griechisch-römischen Geschichtsschreibers Livius, 272 v. Chr., enthalten sind.

52. *Mensch und Weltraum*; Arthur C. Clark, Time-Life International.

53. *Molonglo Radio Telescope*; *Molonglo Radio Observatory*, School of Astrophysics, The University of Sydney, Australien.

54. *Hintergrundanalyse, die Verwüstung Amerikas*; Wiesbaden, Frankfurt am Main 1981.

55. *Symbolik und Mythologie der alten Völker*; Dr. Friederich Creuzer, Leipzig 1822.
56. *Antikkens Mytologi (Die Mythologie der Antike)*; Henrik Hertig, P. Haase und Sohn, 1979.
57. Geodätisches Institut Dänemark, 1:25.000, 4 cm, 1216 IV NO, Løgstør.
58. *Fyrkat Voldsted (ehemaliger Burgstandort Fyrkat)*, vorläufiger Bericht über die Ausgrabung von Haus 1.S., im Sommer 1960; Olaf Olsen am 25.3.1961, Abteilung I des Nationalmuseums.
59. *Viking Fortresses of the Trelleborg Type*; Sidney L. Cohen, Rosenkilde und Bagger, Kopenhagen 1965.
60. *Oldnordiske Sagaer (Altnordische Sagas)*; Det Kongelige Nordiske Oldskrift Selskab (königliche Gesellschaft für alte nordische Schriften), Band 11, Kopenhagen 1829.
61. *Antikkens Mytologi*,[56] Seite 15.
62. *Antikkens Mytologi*,[56] Seite 32 u. 131.
63. *Antikkens Mytologi*,[56] Seite 96.
64. *Antikkens Mytologi*,[56] Seite 87.
65. *Antikkens Mytologi*,[56] Seite 86.
66. *Antikkens Mytologi*,[56] Seite 37.
67. *Antikkens Mytologi*,[56] Seite 30.
68. *Antikkens Mytologi*,[56] Seite 100.
69. *Antikkens Mytologi*,[56] Seite 130.
70. *Antikkens Mytologi*,[56] Seite 90.
71. *Antikkens Mytologi*,[56] Seite 89.
72. *Lexikon der Präastronautik*;[23] Seite 391.
73. *Symbolik und Mythologie*,[55] Seite 344. Ferner auf Seite 335: »Asgaard war die Lichtstadt, und Troja erweist sich in den Sagen immer als letzte Erinnerung an die Lichtreligion.«
74. *Symbolik und Mythologie*,[55] Seite 330.
75. *Symbolik und Mythologie*,[55] Seite 332.
76. *Symbolik und Mythologie*,[55] Seite 333—334.
77. *Symbolik und Mythologie*,[55] Seite 348.
78. *Symbolik und Mythologie*,[55] Seite 443.
79. *Symbolik und Mythologie*,[55] Seite 441.
80. *Nordiske Gudesagn*;[49] Seite 64.
81. *Nordiske Gudesagn*;[49] Seite 66.
82. *Nordiske Gudesagn*;[49] Seite 18.
83. *Nordiske Gudesagn*;[49] Seite 12.
84. *Nordiske Gudesagn*;[49] Seite 56.
85. *Nordiske Gudesagn*;[49] Seite 61.
86. *Nordiske Gudesagn*;[49] Seite 77.
87. *Nordiske Gudesagn*;[49] Seite 38.

88. *Nordiske Gudesagn;*[49] Seite 25.
89. *Nordiske Gudesagn;*[49] Seite 30.
90. *Nordiske Gudesagn;*[49] Seite 39.
91. *Nordiske Gudesagn;*[49] Seite 34.
92. *Nordiske Gudesagn;*[49] Seite 22.
93. *Nordiske Gudesagn;*[49] Seite 10.
94. *Fyrkat I*; Oluf Olsen und Holger Schmidt: »*Bei der Ausgrabung Fyrkats fand man einige extrem große Roggenkörner, die größten, die aus Dänemarks Vorgeschichte bekannt sind. Sie sind auf europäischem Boden nur vergleichbar mit entsprechenden Roggenkörnern, die bei Ausgrabungen in Böhmen aus der Zeit von ca. 1500 v. Chr. gefunden wurden.*« Sie wurden also auf der Linie Delphi—Aggersborg gefunden.
95. *De gådefulde huse på næsset (Die rätselhaften Häuser auf der Landzunge)*; Niels Ishøj Christensen in »Det ukendte« Nr. 1, Jahrgang 1984: »*Die Sage erzählt von unterirdischen (überirdischen) Wesen, die innerhalb des Ringwalles von Trelleborg wohnten. Wenn sie dorthin oder von dort fortgelangen wollten, gingen sie entlang eines Weges durch die Felder nach Süden. Obwohl jedes Jahr gepflügt und die Saat ausgebracht wurde, verschwand dieser Weg nie.*« [Wie das Luftbild zeigt, ist der Weg noch immer nicht verschwunden, da er immer noch das Wachstum von Getreide und Gras beeinflußt (Abb. 1).]
96. Es scheint einen entsprechenden Schiffsliegeplatz auch an der jütländischen Ostküste gegeben zu haben, genau westlich von *Asnæs*, etwas südlich von *A*shoved, denn dort finden sich schnurgerade Linien auf dem Meeresgrund vor der Küste. Es ist denkbar, daß dieser Ort der Verladehafen für Holzstämme nach Trelleborg war.
97. *Nordiske Gudesagn;*[49] Seite 11.
98. *Das Geheimnis der Orakel*; Philipp Vandenberg, München.
99. Ein Verzeichnis über Literatur zur Präastronautik liefert das Buch »*Lexikon der Präastronautik*«[23].
100. *Das Museum von Delphi*; Dr. Petros G. Themelis, Athen 1981.
101. *Archaeological Guide to Dodóna*; S. I. Dakaris, herausgegeben von der kulturellen Gesellschaft »The ancient Dodóna«, Ioannina 1971.
102. Adam von Bremen;[15] Seiten 104-105-106-127-129-141-168-169-252-270.
103. *Atlantis — der achte Kontinent*; Charles Berlitz, Seite 44, Verlag Bogan A/S D.K.
104. Es besteht die Wahrscheinlichkeit, daß Trelleborgs ursprünglicher Name »Lethra« war. Das war in alter Zeit der Name des wichtigsten Heiligtums auf Seeland. Lethra wird in den alten historischen Werken als »an großen Erdwällen gelegen« und »mit vielen großen Steinen« beschrieben.[55] Bei Trelleborg sind nur wenige Steine auf der Wiese zurückgeblieben, aber wie aus dem zweiten Kapitel dieses Buches hervorgeht, hat es früher große Mengen von Steinen bei Trelleborg gegeben.

Es wurde vermutet, daß Lethra mit Lejre identisch sei, wegen des gleichen Anfangsbuchstabens im Namen, aber die alten Beschreibungen von Lethra scheinen auf Trelleborg genauso zuzutreffen wie auf Lejre. Ein näheres Studium könnte vielleicht zu interessanten neuen Entdeckungen über Trelleborg führen.

105. Die Radarkette ist in »*Grønland og Polarområdet*« von H. C. Bach und Jørgen Taagholt beschrieben, herausgegeben von forsvarskommandoen, Forsvarets Oplysnings- og Velfærdstjeneste (Abteilung für Information und Öffentlichkeitsarbeit der Streitkräfte), Kopenhagen.

106. *Olympen (Der Olymp)*; Martin P. Nielsson, Haase und Sohn, 1982.

107. *Undersökningar i germansk mytologi (Untersuchungen der germanischen Mythologie)*; Victor Rydberg, Stockholm. Erster Teil.

108. *Nordens guder og myter (Die Götter und Mythen des Nordens)*; H. R. E. Davidson.

109. *Antikkens Mytologi*,[56] Seite 11 u. 15.

110. *Antikkens Mytologi*,[56] Seite 36. »Vulkan« ist der lateinische Name des griechischen Gottes Hephaistos, Sohn der Hera, die mit Zeus verheiratet war. Vulkan wurde beschrieben als: »*Der olympische Kunsthandwerker, der nicht nur Waffen anfertigt, sondern der auch die mit Erzschwellen versehenen Häuser der Götter gebaut hat.*«

»Häuser mit Erzschwellen« ist ein merkwürdiger Ausdruck. Erz ist das Ausgangsmaterial für Metalle, und Metallstufen waren in Häusern des Altertums wohl kaum üblich. Es handelte sich denn auch um die Häuser der Götter, für die er Metalltreppen anfertigte. Vielleicht waren es Metalltreppen für Luftfahrzeuge, und vielleicht wurden diese »Häuser der Götter« genannt (Throne der Götter, die in die Luft fahren konnten).

Es wird berichtet »*daß Hephaistos sich an Hera rächte, weil sie ihn nach der Geburt verleugnet hatte: Als sie sich auf ihren Thron setzte, konnte sie sich nicht wieder davon lösen, und obendrein stieg der Thron mit ihr in die Luft auf.*«

Man könnte dies so deuten, daß Hephaistos seine Mutter in einem Luftfahrzeug einschloß und sie dann ins Ungewisse fliegen ließ.

Vulkan war der Baumeister des Vulkankessels, des Bauwerkes im Ringwall von Lumneta/Aggersborg und damit vermutlich auch der Techniker, der hinter den übrigen Bauwerken mit geometrischen Grundrissen, Fyrkat, Eskeholm und Trelleborg, stand.

Vulkan/Hephaistos war auch der Baumeister eines der vier Bauwerke, die es in Delphi, lange bevor Delphi weltbekannt wurde, gab. Der griechische Lyriker Pindar (522—442 v. Chr.) berichtet, daß ein Bauwerk aus Bronze »*Das Werk des Hephaistos*«[98] Seite 201 war.

111. *Orakel und Kultstätten, Delphi*; Georges Roux, München.

112. Archäologisches Museum Theben; Kaiti Demakopoulou, Dora Konsola, Athen 1981. Seite 11: Die Danaer.

113. *Wohin der Stier Europa trug*; Prof. H. G. Wunderlich, Hamburg 1984.
114. *My Inventions*; Nikola Tesla, Zagreb, Redaktion Branimira Valič und Josip Valič. Unter der Protektion von Präsident Josip Broz Tito.
115. *Der ligger en ø — Samsø (Es gibt eine Insel — Samsø)*; John Roth Andersen, in Zusammenarbeit mit Flemming Andersens Boghandel, 8791 Tranebjerg, Samsø 1982.
116. Hübsche kreisrunde Ringe, für die niemand eine wie auch immer geartete Erklärung finden konnte, gibt es entlang der gesamten Bifrost-Anlage. Zeitweilig zeichnen sie sich stark ab und sind aus der Luft leicht zu fotografieren, dann wieder sind sie kaum zu entdecken. In gleicher Weise sind bei den vielen Luftbildern dieses Buches die Bodenmarkierungen abhängig von Jahreszeit und Lichtverhältnissen, aber einige von ihnen sind zu jeder Zeit sichtbar, nämlich 3—4 kreisrunde Ringe 40 Kilometer östlich von Aggersborg bei Lindholm Høje. Hier kann der Besucher leicht die Ringe finden, die sich deutlich im Gelände abzeichnen, allerdings trotzdem unerklärlich und ohne Zusammenhang mit den Steinsetzungen am Ort sind. In Thorkild Balslevs »*Danmark fra Luften*« sieht man auf Seite 32 deutlich einen der Ringe bei Lindholm Høje.[117] Derselbe Photograph hat sehr schöne Bilder von sechs Ringen auf einem Feld südlich von Fyrkat aufgenommen. Diese Ringe sind in der Zeitschrift »Skalk«, Nr. 5/1977, Seite 4, abgebildet. (Abb. 51) Auf denselben Bildern, aber weniger deutlich, sieht man einen Ring westlich des Ringwalls Fyrkat. Auf Thorskild Balslevs Photo nur als dunkler Fleck erkennbar, ist dieser Ring witzigerweise auf einer Plastiktragetasche der Supermarktkette F.D.B., Albertslund, recht deutlich abgebildet. Diese Tragetasche von 1985 zeigt Fyrkat-Motive, auf denen man sieht, daß es an diesem Ort weitere Ringe über- und ineinander gibt.
Bewegen wir uns entlang der Bifrost-Anlage südöstlich weiter, so finden wir solche Ringe auch auf Eskeholm, nämlich die drei Brunnen auf dem Ufergelände (Abb. 16) und den großen Ring auf Besser Made (Abb. 12). Die unterschiedliche Größe der Ringe deutet darauf hin, daß sie von Fahrzeugen unterschiedlicher Größe hinterlassen wurden.
Bei Trelleborg gibt es die Markierung, die im Kapitel »Geschichte oder Science-fiction« beschrieben ist. Diese Markierung könnte durch die Überlappung zweier Ringe zustande gekommen sein. Das gleiche gilt für zwei der Ringe bei Fyrkat auf Thorkild Baslevs Fotos. Weiterhin gibt es schwache Spuren eines Ringes auf dem Feld östlich des Ringwalls von Trelleborg.
117. *Danmark fra Luften*; Thorkild Balslev, Bogans Verlag, 1984.
118. Die Namen Trelleborg, Fyrkat und Aggersborg tauchen in der nordischen Geschichtsschreibung nirgends auf und auch nicht in den nordischen Wikingersagas.
Eine Übersetzung der einzelnen Wortteile ins Deutsche ist möglich. Der

Name Trelleborg kann in die beiden Wörter »Trelle« und »Borg« zerlegt werden, die auf deutsch »Sklaven« und »Burg« bedeuten, also vielleicht »Sklavenburg«.
Neuerlich haben dänische Forscher das Wort »Trelleborg« mit »Trojaburg« in Verbindung gebracht.
Der Name »Fyrkat« kann gleichfalls in zwei Wörter geteilt werden, die Wörter »Fyr« und »Kat«, die auf deutsch »Feuer« und »Katze« bedeuten, so daß der Name etwa »Feuerkatze« lautet.
Der Name »Aggersborg« besteht entsprechend aus den deutschen Wörtern »Acker« und »Burg«, bedeutet also vielleicht »Ackersburg«.
Auf sehr alten Landkarten wird das Gebiet um Aggersborg als »Alboro« bezeichnet, was vielleicht ursprünglich Aggersborgs Name war. Das Wort »Alboro« könnte lateinisch-griechischen Ursprungs sein und wäre dann mit »Lichtburg« übersetzbar.
Das Gebiet unmittelbar südlich von Aggersborg, ein Teil des Limfjords, wird auf sehr alten Karten »Luxsted«, also »Lichtstätte«, genannt.
119. Nach Herausgabe der dänischen Ausgabe des Buches untersuchte ein Amateurarchäologe das Gebiet zwischen Stengards led und Taarnborg Kirke mit einem Metallsuchgerät. Er fand im Verlauf einiger Monate 2000 Münzen aus der Zeit der Einführung des Christentums in Dänemark. 2000 Münzen, bestimmt die größte Häufung von Münzfunden im genannten Gebiet, müßten ein Beweis dafür sein, daß dieses Gebiet dicht besiedelt war und daß es am Ort Jahrhunderte hindurch große Handelsaktivitäten gegeben hat.
120. Die Form der Fundamente sieht aus wie eine Ellipse, bei der die beiden Enden geradlinig abgeschnitten sind. Der Einfachheit halber wird sie im Buch durchgehend als »Ellipse« bezeichnet.
121. *Gyldendals Leksikon*; Nordisk Forlag A/S, Dänemark 1973.
122. Tidsskriftet *»Skalk«*, Jelshøjvej 9, DK 8270 Højbjerg.
123. Zu Abb. 34, Lage der Kreiswälle in einer geraden Linie:
1. AGGERSBORG bei Lögstör. Im Kreiswall wurden Spuren einer alten Großstadt gefunden, vom Autor als die durch alte Historiker bekannte Stadt LUMNETA identifiziert, eine heidnische Stadt mit dem Heiligtum OLLA VULCANI, Vulkans/Hephaistos' Feuerkessel.
2. FYRKAT bei Hobro. Befindet sich in einem Tal, genannt ONSILD AADAL, d. h. Wotansfeuer Flußtal. Der Name FYRKAT wurde vom Autor als das griechische Wort ΠΥΡΓΟΣ identifiziert, der Name der Stadt in Griechenland, bei der sich das Orakel von Olympia befindet.
3. ESKEHOLM im Stavnsfjord bei der Insel Samsö. Der Autor hat dort Spuren eines Kreiswalls gefunden und aus der Luft fotografiert sowie später die Geschichte von ESKEHOLM bei alten Historikern entdeckt. Nach Meinung des Autors soll dort eine große »weltberühmte« heidnische Stadt bestanden haben, RETHRE. Bei Einführung des Christen-

tums ausradiert. (Von der Archäologie noch nicht anerkannt, doch wird nach Erscheinen des Buches in Dänemark jetzt mit Untersuchungen begonnen.)
4. TRELLEBORG auf der Insel SJAELLAND zwischen KORSÖR und SLAGELSE.
5. Schleswig in Deutschland. In der Frühzeit Überfahrtsstelle zwischen Deutschland und Dänemark.
6. Hochburg/Oldenburg/Haithabu/Hedeby. Eine weitere ausgelöschte Stadt. Vom Autor als OLDENBURG identifiziert.
7. Großkreislinie entlang der Kreiswälle und in ungefährer Richtung Südosten weiter zum Orakel von Delphi in Griechenland (Abb. 67).
124. Die Fundamentgruppierung südöstlich des Ringwalles von Trelleborg bildet ein perfektes Kreissegment. Wie im Buch dargestellt wird, gibt es Indizien dafür, daß dieses Kreissegment einst das Fundament einer technischen Einrichtung bildete, deren Funktion derjenigen einer Parabolantenne entsprach oder ihr zumindest vergleichbar war. Um im Text dieses Kreissegment deutlicher vom Ringwall zu unterscheiden und dabei auch auf die vermutete Funktion hinzuweisen, wird es im Buch als Parabel(-bogen) bezeichnet, stellvertretend für den parabelförmigen Querschnitt einer (hypothetischen) darauf basierenden Parabolantenne.
125. Weitere Literatur zur gleichen Thematik:
Erich von Däniken — *Aussaat und Kosmos*,
Econ Verlag 1972 und
Ullstein Sachbuch 1986.
Erich von Däniken — *Erinnerungen an die Zukunft*,
Econ Verlag 1968 und
Ullstein Sachbuch 1986.
Erich von Däniken — *Erscheinungen*,
Econ Verlag 1974
Erich von Däniken — *Kosmische Spuren, Neue Entdeckungen der Präastronautik*, Goldmann Verlag 1989.
Erich von Däniken — *Prophet der Vergangenheit*,
Econ Verlag 1979 und
Heyne Sachbuch 1987.
Erich von Däniken — *Zurück zu den Sternen*,
Econ Verlag 1969 und
Ullstein Sachbuch 1982.
Dr. Johannes & Peter Fiebag — *Die Entdeckung des heiligen Grals*,
John Fisch Verlag 1983 und
Goldmann Verlag 1989.

Register

Aage 67
Aalborg 100
Aarhus 53, 101
Abfallschicht 146
Aggersborg 13, 16f., 20, 51ff., 55f., 59ff., 63, 90, 92, 103, 108f., 111ff., 115, 125f., 136f., 145, 147, 149, 154, 156, 172, 175, 177, 184, 189f., 205, 207f., 210, 212ff., 216f., 222, 229ff., 238, 244, 246, 253
Aggersund 61
Ägypten 18
Akrefnion 195, 198, 200
Al-Mas'udi 12
Alexandria 214
Alfios 190
Alstrup 92
Altis 190
Amazonas 59
Amerika 173
Amphibienfahrzeug 216, 224
Amplitudentheorie 115
Antvorskov (Schloß) 29, 160
Anziehungskraft 142
Aphrodite 206

Apollon 177f., 184, 191, 195, 206, 219
Äquator 127
Archäologisches Museum, Athen 203
Architektur 17
Argon 216
Argonauten 216, 236, 238
Arkona 207
Armenien 214, 231f.
Arztorakel 192
Asen 207
Asgaard 207, 214f.
Ashwin 9
Asien 178
Askholm 106
Askomanner 219
Asnacs 29
Asnaes 50
Astronauten 126f., 216, 242
Astronomie 171, 174, 178
Astronomie von Peter Lancester Brown 245
Athen 175, 189, 204
Äthiopien 198
Atlas 208
Atomexplosion 222

Auftriebskraft 136
Australien 125, 129, 130, 173
Avantis 10
Azimut-Karte 253

Baltisches Meer 100
Bank, Jodrell 130, 132 f.
Barbaren 62, 63, 98 ff.
Barnekold 87, 91
Besser (Aussichtsturm) 77 f.
Besser-Made 92
Besserberg 77
Besserriff 77, 79
Bifrons 217
Bifrost 217 f., 220, 222, 230, 235, 237, 240, 243, 245 f.
Bifrostanlagen 238
Bischof Egino 106
Bischof Johannes 105
Bischof von Bremen 98
Björn, der Brite 69
Blekinge 65
Blinkenberg, Christian 35 ff.
Böhmen 205
Bohuslän auf Gotland 238, 241
Böotien 204
Bornholm 60, 203, 232 f., 235, 239
Botschaft, britische 133
Brasilien 59
Bredsdorff, Peter 21
Bremen 97 f., 101, 103
Bremen, Adam von 7, 56 ff., 61, 63, 97 ff., 108, 125, 158 f., 179, 214

Bretagne 19
Burislaw (Boris) von Vensyssel und Samsö (König) 70, 73

C-14-Methode 20
Canberra 129
Cape Canaveral 127
Cheopspyramide 18
Christen 61, 103, 105
Christentum 103, 105, 157
Christopher von Bayern (König) 44
Colorado 138
cornibus bestiarium 125
Cour, Vilhelm La 34

Dädalos 216
Danae 208
Danaer 204, 208
Dänemark 16, 20, 56, 59, 63, 65, 101, 114, 158, 162, 165, 167, 169, 173, 177, 184, 189, 196, 203 ff., 208, 214 f., 217, 221 f., 230, 232, 238, 244 f.
Dänen 99, 101
Däniken, Erich von 13
Delphi 167, 174 ff., 178, 180 ff., 190, 194 f., 197 f., 204 f., 208, 221 f., 229 f., 244 ff., 253
Demakopoulou, Kaiti 204
Demmin 63 f.
Deutschland 159

Dodóna 174, 176, 187 f.,
    190 f., 194, 221, 229,
    244
Dreifuß von Ptoion 196,
    204
Drona Parva 11

Edison, Thomas 138
Eibenholz 114
Eiffelturm 132, 134, 218
Einstein, Albert 136, 177
Eisenzeit, germanische 113
Elbe 56 f., 99
Elektronik 124
Ellipsenform 113
Ellipsenmuster 118, 150
Endebjerg 93, 113, 220, 251
Energie 18, 19, 22, 140, 142, 169
Energieübertragung, drahtlose 138
Energiewellen, senkrechte 138, 139, 142
England 19, 66, 72, 159, 173
Epimenides 197
Epirus 174 f.
Erde 180
Erdkrümmung 117
Erich von Pommern 43 f., 151
Eridanos 217
Erzbischof Unwans 104
Erzbischof von Bremen 103
Escheholm 106
Eschenholz 220 f.
Eschenmänner 219

Eskeholm 13, 93 ff., 100 ff.,
    105, 107 ff., 113 ff., 126 f.,
    135 ff., 145, 154, 156, 167,
    169, 175, 205, 207, 216,
    219 ff., 229, 238, 243, 245 f.
Estridson, Svend 99
Europa 63, 132, 137

Falk-Rönne, Arne 260
Faltboote 215
Felder, magnetische 126
Fernsehantenne 124
Fernsteuerung 140
Fliegende Untertassen 238
Flugnavigation 253
Flunderart Ising 165
Flutwelle 209
Forlev 28 f.
Franken 205
Frankreich 19
Frederik II. 63
Frederikshöj 79
Frey 173
Freya 215
Frigg 173
Frigga 215
Fundamente, ellipsenförmige 120
Fünen 65, 67, 100, 101
Funk, drahtloser 138
Fyrkat 13, 16 f. 20, 51 ff., 63 f.,
    90 ff., 108, 113, 115, 126 ff.,
    136 f., 142, 145, 147, 149,
    154, 165 ff., 175, 184, 207,
    216, 227, 229, 238, 242 ff.,
    246

Garudah 9
Geographie 174
Geometrie 17, 90, 171
Georgien 137
Germanen 114 f.
Glaube, heidnischer 103, 157
Glimmer 220
Glob, P. V. 232, 239 f., 242 f., 247
Glühlampen 138
Götaland 101
Göteborg 101
Goten 99
Götter, heidnische 207
Götterbilder 105
Gorm (König) 208 f.
Gottorp 64
Gottschalk 158 ff., 164
Gravitation 136, 142
Gravitationswechselkraft 223
Graviton-Theorie 136
Griechen (Grecis) 62 f., 101 f., 166 f., 169, 171, 173, 175, 204, 206, 223, 232, 246
Griechenland, 102, 171, 177 ff., 181, 192, 205 ff., 212, 214 f., 221 f., 230, 232, 235, 245 f.
Grönland 123, 173, 230
Groß Rethra 207
Großer Belt 29, 34 f., 37, 39, 42 f., 50, 143
Großkreislinie 179, 246, 253
Grubenhäuser 251
Grundriß, geometrischer 115, 161, 168, 182
Gyde (König) 119

Haddeby 58
Haithabu 57 f., 132, 134 f., 167
Halland 65
Halmstad 101
Hamburg 55 ff., 59, 90, 100, 103, 159 f.
Harald (König) 65 ff.
Haraldson, Svend 67
Haschisch 193
Hauptstadt, heidnische 98, 102
Havnehage 68, 77, 79
Hedeby 57 f., 135, 167
Heiden 61, 98, 102, 105, 157
Heiden im Slawenland 104
Heiligtum, heidnisches 100, 103, 125, 179, 184
Heiligtümer im griechischen Stil 165
Helleristninger i Danmark 232, 240
Helmoldus 125
Hepháistos 184, 206
Hera 208
Hermes 190 f.
Hermod 215
Herodot 12, 195
Hesekiel 9
Hesperiden 208
Himmelsrichtungsbestimmung, alte heidnische 217
Himmelsrichtungseinteilung, nordische 232
Himmerland 236, 238 f.
Hjortholm 84
Hobro 20, 51, 165, 167
Hochburg 167

Höjklint 74f.
Holm 68, 95, 100ff., 106
Holm, Mikkel 113
Holstein 208
Holsteiner 99
Holzkohle 143
Hönsepold 77, 79
Hornfeeder 123f., 132
Hugin und Munin (Raben Odins) 214
Hvergelmer (Brunnen) 219, 245
Hyperboloiden 178, 246
Hyperboräa 178
Hyperboräer 177, 184, 246

Ikarus 180
Indien 214
Indoeuropäer 204
Induktionsspulen 138
Interferometer 131
Ionosphäre 143
Irak 214
Iraklion auf Kreta 236
Iran 12, 214
Irland 66, 69, 72
Isfar 156, 164f., 169, 177, 245
Island 71, 123, 230
Island-Sagas 86, 208
Istanbul 230
Iumne (Jumne) 55ff., 58f., 61ff.
Iumneta 63
Ixion 216

Jammerlandbucht 50
Janus 217
Jarl, Harald 208f.
Jessen, Knut, Professor 24
Jomsborg 55, 64, 70, 72, 90
Jomswikinger Saga 65
Jugoslawien 141
Jupiter 181, 223
Jütland 57, 60, 100

Kalki 10
Kanada 123
Kanhavekanal 74, 86, 88
Karte (4-cm-) des Geodätischen Instituts 210
Kaschmir 12
Kastrup 50
Katalinische Quelle 176
Katsavras, Georg 198, 200
Kattegat 59, 65, 94, 100
Kaukasus 214
Kebra Negest 10
Khan Dera Ismail 12
Kladeos 190
Klarskov (Steinbruch) 42f.
Knossos auf Kreta 236
Kolby Kaas 35
Kommunikation 22, 142
Kongsör 68
Kopais-Sees 195
Kopenhagen 50
Korsör 32, 34ff., 39ff., 50, 151, 158, 167
Korsör Nor 30
Korsör-Haff 153
Kosmos 177

Kraftwerksanlage 209
Kreislauf um die Erde 206
Kreta 179, 189, 197, 235, 236
Kronosberg 190
Kyholm 80

Labyrinth 193
Lammefjord/Randers 22
Laufer, Berthold 10
Libanon 18
Libyen 198
Lichtgeschwindigkeit 177
Lichtgott 208
Lichtreligion (heidnische) 112, 165, 169, 177, 205, 244
Lichtstadt 63
Lichtstätte 64, 169
Lille Vorbjerg 74
Lilleholm 84 f.
Lilleøre 68, 80
Limfjord 51, 59, 61, 64, 97 f., 145, 208, 231
Lindholm 80
Lindholm Höje 216
Lögstör 60, 147, 149, 167
Loki 215
Long Island 139
Lübeck 57
Luftbrücke 117
Luftkorridor 117
Lumne 55 f., 59, 63
Lumneta 56, 59, 61, 63 f., 90, 97 f., 100, 103, 108 f., 112, 125, 132, 165, 167, 169, 177, 184, 210, 212 ff., 244

Luxsted 63 f., 169
Lyngby 143

Madebjerg 77, 95
Madsebakke 203
Magnetfeld 138
Magnus (König) 61
Mahabharata 11
Malaria 206
Mars 180, 223
Marsk Stig 36, 158
Masse in Energie 177
Materie, Griff der 177
Mathematik 17, 171, 174
Mecklenburg 57
Megalithen 19
Merkur 180
Merseburg, Thietmar von 125
Methode, dendrochronologische 20
Midgaard 214
Midgaardschlange 173, 214
Mills Cross 130 f.
Mimer (Brunnen) 219, 245
Mistilaw (Fürst) 159
Mistiwoi (fürst) 159
Molongo 131
Mors 101
Münzen, byzantinische 214
Mulligan, John A. 131
Munarvogr 79, 81
Museum von Ioannina 188
Museum, königliches für Nordische Altertümer 119
Musholm 50
Mythen 184, 205 f., 214

Mythologie 164, 171, 173, 179, 189, 214, 220, 222, 229, 246
Mythologie, griechische 190, 205, 216
Mythologie, nordische 207, 214, 217, 219

Nabel der Welt 197
Nationalmuseum 24, 33, 142, 146
Navigation 21 f., 121, 142
Neuguinea 206
Niflheim 219
Nike 190 f.
Ningunna-gap 219
Nordalbingien 105
Nordalbingier 56 f.
Nordby 68
Norden 102 f., 178 f.
Nordeuropa 101, 179
Nordfünen 37
Nordpol 127
Nordpolmagnetismus 217
Nordsee 59
Nordseeland 237, 247
Nordwestseeland 235, 240
Nörlund, Dr. Poul, 17, 24, 146, 149
Nörre-Sundby 216
Norwegen 42, 56

Odin 205 ff., 215
Odin VOR Radial 15, 120
Odins Feuer 168
Odins Flugzeug 215
Odins Hochsitz 173
Odinsglaube 205
Okéanos 173 f., 205 f., 223
Oldenburg 56 ff., 132, 135, 167
Oldenburg bei Lübeck 100
Oldenburg bei Schleswig 100
Olla Vulcani 62, 64, 169
Olöf 67, 69
Olympia 189 ff., 229, 244
Olympos 189
Onsild-Flußtal 168
Opernhaus 125
Orakel des Trofonios in Lebadeia 194
Orakel von Delphi 169, 173, 177, 179, 182, 186, 189, 194
Orakel von Dodóna 174 f., 185, 189, 193
Orakel von Ephyra 193
Orakel von Olympia 190 ff.
Orkney (Inseln) 71
Ormeslev 29
OY-PRL 17, 166

Palnatoke 65 ff., 73, 80, 83 ff.
Parabel 21, 49, 117 f., 122
Parabelbogen 125, 171
Parabolantenne 123 f., 173
Parabole 237
Parabolschirm 121, 124
Parabolspiegel 132, 235
Paralimni (See) 195
Paris 132
Parnassos 176

Pausanias 195
Pedersen, Jörgen 31
Peloponnes 189
Penin (Landschaft) 63
Perdikovrysis (Quelle) 195
Petersen, Karl Nikolaj Henry 32 f.
Pfostenkonstruktion, ellipsenförmige 251
Phaeton 217
Phoibos 177
Pindar 184
Pinemölle 28
Pionier 10, 161, 238, 240
Piri Reis 230
Piri Reis-Karte 231
Plan, geometrischer 174
Planetoide 223
Plutarch 195
Pommern 56
Ptoion 195 f., 198, 202, 204, 221, 229, 244
Ptoions Heiligtum 199
Pyramide 19, 140

Quarz 220

Radaranlage 123
Radarantenne 124 f.
Radarschirm 21, 121, 124
Radarspiegel 124
Radiointerferometer 129
Radioteleskop 130
Randers-Fjord 51
Redigast 100, 105 f., 108 f., 245

Reera (Antennenanlage) 143 ff.
Reersö 29, 50, 53, 143
Religion 56, 103
Religionskriege 102
Rerer 101
Resonanz-Umformer 140, 144
Retharier 100, 102
Rethre 100, 102 ff., 132, 167, 169, 190, 207, 219, 221, 245
Rhomben 143
Ringebjerg 74, 76
Ringmauer mit Turm 168, 191
Rom 28
Römer 206
Rösnaes 50
Roy, Protap Chandra 11
Rumanvat (König) 10
Rundfunk, Dänischer 114
Runenstein 32, 156

Saelvigbucht 74
Salomon (König) 10, 12
Samps (andere Bezeichnung für Samsö) 57, 70
Samsborg 65, 70, 72 f., 90
Samsö 35, 50, 53, 57, 64, 68, 70, 72, 74 f., 77, 79, 90 f., 94 f., 100 f., 107 f., 113, 115, 167, 220
Saturn 181
Schlei 57
Schleswig 57, 64, 132, 167
Schleswig-Holstein 60
Schlötz, Kriegsrat 237
Schonen 65, 101
Schottland 66, 69, 72

Schwarzes Meer 214
Schweden 42, 56, 101
Schwerkraft 137, 142
Schwerkraft-Generator-Schirme 150
Schwerkraftwellen-Theorie 136
Schwingkreise 138
Science-fiction 177
Seeland 50, 101
Semland 57, 70
Shetland (Inseln) 71
Siculus, Diodoros 219
Sidney 125
Sigrid, Prinzessin 159
Siwa (Oase) 198
Skalk (Zeitschrift) 227
Skandinavien 205
Skibladnir 215 f.
Skinfakse 215
Skip-Längen 143
Skjoldborg 77
Skodshöj 68, 83, 84
Slagelse 32
Slawen 101, 105
Slawenland 105
Slejpner (Odins Flugzeug) 215
Söhuse 45
Solinus 62, 64, 212
Sönder Tranholm 210
Sorö 32
Sparta 207
Srinagar 12
St. Ansgar-Domschule in Ramelsloh 159
Staalhaand, Prettr 44
Staalhöj 77
Stavns 84
Stavns Made 84
Stavnsfjord 50, 70, 74 f., 77, 79 f., 91 ff., 98, 101
Steinritzzeichnungen in Dänemark 232, 240
Steinzeichnungen in Dänemark 204
Stengaards led 43, 158
Stephner, Earl 67, 69
Stettin 56, 59, 63
Stockholm 34
Stonehenge 19
Store Vorbjerg 74
Strabon 195
Strahlungsenergie 126
Südengland 69, 72
Suein (Dänenkönig) 99
Sundshave 210
Surtur 215
Surya 9
Suttung 215
Svend Estridson (König) 61, 67 ff.
Symbolik und Mythologie 219
Symmetrieachse 117, 123
Syrien 179

Taarnborg 32, 35, 42 ff., 157 f., 160
Taarnborg Sogn 120
Taarnhöj 120
Taarnholm 43 ff., 120
Tachyonenkraft 142
Tacitus 114
Takht-i-Suleiman 12 f.

Technik 17, 22, 142
Technologie 19
Telegraphie 138
Tesla, Nikola 137 ff., 144, 150
Tesla-Transformator 137 f.
Thebaner 195
Theben 184, 204
Theodosius der Große 179, 190
Thessalonien 189
Thetys 173
Thiele, Just 119
Thor 208
Thule, Luftstützpunkt 123
Thy 101
Tinghuse 29, 45
Tirstrup 51
Tjaereby 36
Topkapi-Palast 230
Totenorakel 192
Tranebjerg 108
Transmitter, Magnifying 139, 141 f., 144
Trecornis 125
Trelleborg 13, 15 ff., 19 ff., 25 ff., 37 ff., 42, 45 ff., 56, 63 f. 90 ff., 94, 96, 107 ff., 113, 115 ff., 122, 124 ff., 134 ff., 143 ff., 154, 156 f., 160, 165 ff., 169, 171, 172, 175, 177, 188 f., 196, 200 f., 205, 207, 216, 218, 235, 238, 243, 245 f., 253
Trelleborg-Ellipse 133, 153
Trelleburg 21, 176, 182, 195

Troels-Smith, Jörgen, Archäologe 114
Troja 207
Tronagre 29
Trophonios 184
Truehöjgaard in Himmerland 238
Tude-Fluß 22
Türkei 214
Turmburg 120
Typhon 217

Unarvogr 80, 82
Uranegaard 27, 30 f.
Uranos 181, 206
Urd (Brunnen) 220, 245
Urtharbrunnen 221
US-Patent 787412 139
USA 127, 138
Vaarby-Fluß 22 ff., 46, 48, 156
Van-Allen-Gürtel 126, 217
Vemmeley 29
Vendland 57, 70
Vendsyssel 56 f., 70, 101, 208 f.
Venus 180
Verkehrslinien 117
Viborg 60
Vindland 57, 70
Vinland-Karte 230
Vishvkarman 10
Vorzeit-Technik 162
Vulkan 206

Wales 69, 72
Waräger 56 f.

Weltraum 127, 218
Weltraum-Analyseprojekt 223
Weltraumkreisbahnen 173
Weltraumrakete 209
West, altnordisch 244
Westseeland 20, 31, 156
Wikinger 16f., 20, 23f., 48,
  64f., 90, 101, 115
Wikingerburg 25
Wikingerzeit 113f., 251
Wishnu 9

Wishnu-Purana 10
Wodan 205
Wünschelrute 136f.

Yggdrasil 219

Zagreb 141
Zeitfaktortheorie 177
Zeus 190